青少年最感兴趣的

世界之奇
SHIJIEZHIQI

灵犀工作室 编著

青岛出版社

目录

古埃及的珍珠卢克索 / 001
梦幻般的亚历山大灯塔 / 007
飘然通天巴比塔 / 010
太阳神巨像探奇 / 013
古希腊的明珠——雅典卫城 / 016
印第安人的图腾柱 / 020
为爱而造的泰姬陵 / 024
扑朔迷离的巨石阵 / 027
巨石球之谜 / 033
珊瑚石城堡之谜 / 036
纳斯卡的奇特巨图 / 038
令人费解的欧帕兹 / 041
倾斜的奇迹 / 046
冬宫和夏宫览胜 / 050
造型最奇异的歌剧院 / 054
现代建筑奇迹 / 058
世界第八大奇迹 / 062
世界屋脊上的布达拉宫 / 067
世界音乐史上的奇迹 / 072

千年悬棺之谜 / 074
形形色色的"白痴学者" / 077
身上带磁力的人 / 080
"电人"传奇 / 083
活吞毒蛇的奇人 / 086
火中行走之谜 / 089
怪异的"鸵鸟人" / 092
奇特饮食之谜 / 095
感觉不到疼痛的人 / 098
人与动物的奇特"交谈" / 100
令人称奇的无指纹人 / 104
奴巴族的刺青 / 107
"生物雷达"象吻鱼 / 109
奇特的白色动物 / 112
深海中的居民 / 115
身怀绝技的"动物警长" / 118
动物御敌绝招 / 121
妙手回春的动物医生 / 125
动物预测地震之谜 / 129

飞猫之谜 / 132

毒蛇"朝圣"之谜 / 135

动物求偶趣闻 / 137

动、植物中的酒徒 / 140

奇异的加拉帕戈斯群岛 / 143

喀斯特奇观 / 145

万烟谷奇观 / 150

魔鬼塔与化石林 / 152

南极暖水湖之谜 / 156

"怪脾气"的湖 / 159

"鬼城"奇观 / 161

天下第一奇石 / 164

奇异的"海火" / 167

海藻奇观 / 169

喷冰的火山 / 172

能喊会唱的沙子 / 174

奇异的悬空彩带 / 178

行踪飘忽的球状闪电 / 181

布劳甘幽灵 / 185

海市蜃楼和空中楼阁 / 187

龙卷风创造的"奇迹" / 191

地球"奇雨"记录 / 194

彩雪和怪雪之谜 / 196

连理树奇观 / 199

植物的感觉与记忆 / 201

奇妙的"黑眼睛星云" / 204

恒星奇特的"一生" / 206

超新星的残骸 / 212

"银河之斗"人马座 / 214

织女的眼泪 / 217

日珥、日冕与极羽 / 220

耀斑、日浪与"米粒" / 225

难得一见的金星凌日 / 229

木星大红斑之谜 / 231

横卧而行的天王星 / 233

浓烟滚滚的海卫一 / 236

月球的正面与背面 / 239

定期回归的游子 / 243

古埃及的珍珠卢克索

卢克索位于埃及首都开罗以南 670 千米处,是埃及中王朝和新王朝的首都。它建在古城底比斯的遗址上,是最能代表古埃及文明的文物、古迹荟萃之地。在这些古迹中,最著名的是卡纳克神殿、卢克索神殿和国王谷。

在卢克索古建筑群中,卡纳克神殿是保存最完好、规模最庞大的一处。它面积约为 31 公顷,始建于公元前 19 世纪的古埃及第十二王朝,整个工程前后持续了好几个朝代。最能代表卡纳克神殿建筑特色的是著名的大柱厅。大柱厅占地面积约 5000 平方米,由 134 根高耸入云的圆形石柱支撑,其

方尖碑的建造几乎与金字塔同时,有 4000 多年的历史,是埃及古文明的骄傲。

拉美西斯二世是埃及最伟大的法老,也是一个伟大的建筑师和一个了不起的勇士。

图坦卡芒法老的金面具是公元前1200多年时古埃及人的工艺杰作。

阿伽门农金面具是3000多年前的作品。

中最大的12根高约23米,底径为4米,柱冠直径为3.6米,可容纳50个人在上面站立;最矮的边廊石柱也高达13米。这些石柱全部由1米多高的圆形石块垒成,上面刻有大量浮雕和铭文。

在卡纳克神殿前遗留着一座图特摩斯一世的方尖碑。据说这里原来有一对方尖碑,另外一座现在已经不知去向。神殿的西北角还有一个长120米的圣湖。

卢克索神殿位于卢克索市中心的河岸上,建于公元前14世纪。它由三代法老修建,由3000米长的羊头狮身斯芬克斯神道与卡纳克神殿相连。卢克索神殿的大门处有两座高大的拉美西斯二世坐像,高15.5米,置于约1米高的基座上。据考证,最初在两座法老像旁还有4个粉红色花岗岩的立像背依大门,其中包括拉美西斯二世的王后内弗尔塔里。现在大门右侧仅存的立像,已残破不堪。在石像旁边还有一座方尖碑,上面镌刻着浮雕和文字。方尖碑原为一对,另一座已于1836年被移至巴黎的协和广场。

卢克索神殿的内厅中有两排以合拢的纸莎草花为柱头的柱子,柱子中间还有埃及神话中奥里斯安的塑像。内厅左侧是一个小的清真寺。再向里走是卢克索神殿的柱厅,土黄色的柱子由内而外,柱式不断变化:内侧为合拢的纸莎草花柱头,外侧的柱头则变为开放的纸莎草花。

在神殿的墙上刻有许多浮雕,上面生动地表现了埃及历史上以雄才大略著称的拉美西斯二世出征的场面:召开军事会议,在战车上指挥战斗,身先士卒、弯弓射箭,等等。

在与卢克索隔河相望的尼罗河西岸,坐落着举世闻名的

国王谷现在成了旅游胜地。

国王谷。古埃及人把日出看作生命的象征,将日落视为死亡的象征。因此他们把神殿建在尼罗河东岸——生者的乐园,而把陵墓建在尼罗河西岸——死者的天堂。

国王谷是世界上罕见的王陵群。墓穴依山开凿,高低错落,布满崖坡。在当地现已发现国王墓穴62座,据史书记载,还应有11座。另有王后谷埋葬王后、妃子和公主,共有墓穴75座。在已发现的王陵中,保存最为完好、最为著名的是第十八王朝法老图坦卡芒的陵墓。图坦卡芒法老在位的年代大约是公元前13世纪,他是第十八王朝埃赫那吞法老的女婿,享年仅16岁。

发现图坦卡芒法老陵墓的是英国考古学家霍德华·卡特。他从1917年开始在国王谷进行考古发掘,先后挖掘了图特摩斯四世、阿蒙霍特普一世和哈利谢普苏特女王的陵墓。1922年11月4日,他终于找到了进入传说中最为富丽堂皇的图坦卡芒法老陵墓的阶梯,沿着这个阶梯他找到了王陵的大门,进入了这个唯一未被盗墓者洗劫过的法老陵墓。确如传

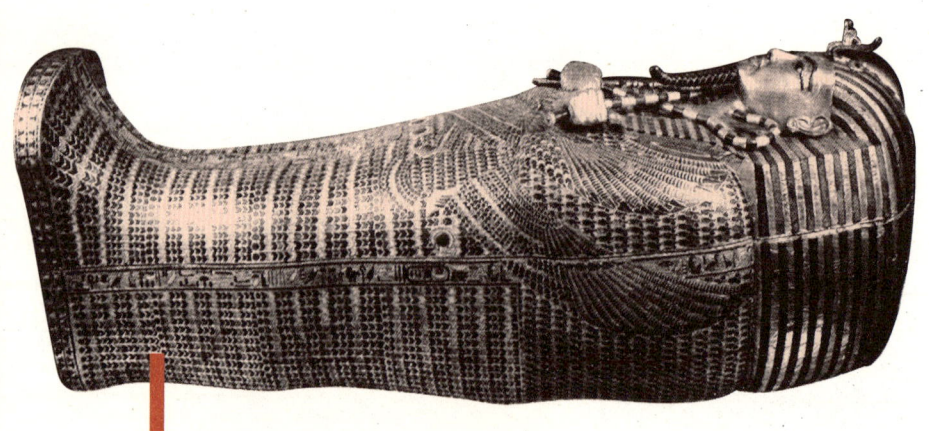

图坦卡芒法老遗体葬于三层人形棺木之中。图为第二层,木棺上贴着金箔,上嵌各种宝石、彩色玻璃,遗体的肩部至胁下有鹰和眼镜蛇图案。第三层棺木则是用22片厚2.5~3.5厘米的金块打造而成的。

埃及法老图特摩斯三世像。

埃及古王国第四王朝时期法老门考拉和王妃双人立像。

说中的那样,墓中到处是黄金、珍宝,出土文物达1700多件。

在墓室中有一个硕大的包金木匣,这个匣子一层套一层,共有4层。木匣上面雕刻着古埃及象形文字,还镶嵌着很多宝石。木匣最里面一层,是一具由黄色水晶砂石制成的、上面有花岗石盖的石棺,棺长2.75米,宽和高均为1.5米,棺盖重达2000千克。而在这具石棺里还装有两具棺材,一具比一具华美。其中一具是用一整块黄金打造的人形棺材,它长1.85米,重110千克,棺壁最厚的地方达3厘米。在这具人形金棺里面,躺着一个法老的木乃伊——他就是年轻的国王图坦卡芒。他浑身布满宝物:头部罩有形象逼真、制作精巧、

图坦卡芒法老和爱妻的雕像。

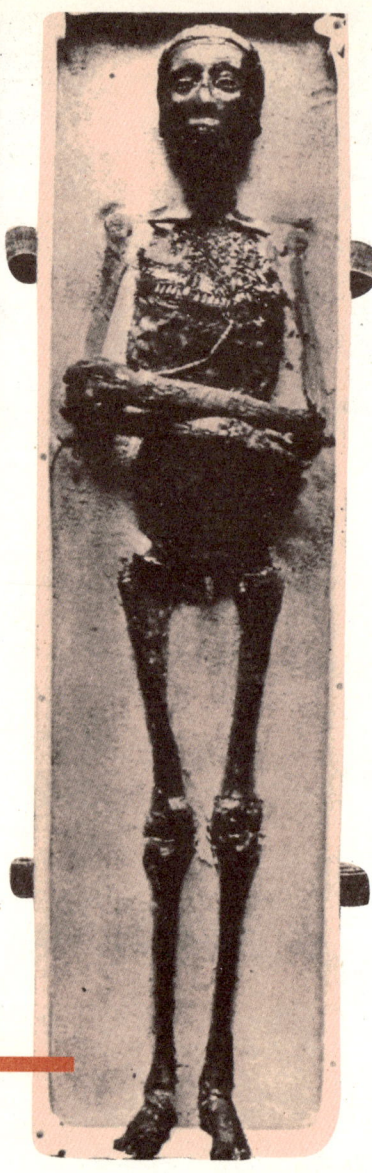

图坦卡芒法老的遗骸。

耀眼夺目的纯金面具,身上佩带着项圈、护身符、黄金匕首、发光宝石等,干枯的手臂交叉放在胸前,戴有13只手镯。棺材里还有两柄短剑,一把是金的,一把是金柄铁刃的。

图坦卡芒陵墓的发掘震惊了世界考古界,它使人们第一次全面领略了古埃及法老的墓葬文化,同时也对古埃及文明有了更深入的了解。

梦幻般的亚历山大灯塔

雄才大略的亚历山大大帝是西方最伟大的军事统帅之一，他建立了人类历史上第一个地跨欧、亚、非三个大陆的帝国。

2200多年前，有一个只活了33岁的短命国王，从他20岁继承王位起，在不到13年的时间里，东征西战，建立起了一个横跨欧、亚、非三洲的马其顿帝国。这个短命的国王就是历史上赫赫有名的亚历山大大帝。亚历山大是一个有抱负、有才智，并且勇敢过人的国王。他曾经师从于被恩格斯誉为"最博学的人"的亚里士多德，被认为是古代最具有科学素养、最懂得科学价值的统治者之一。亚历山大在各次远征中,都带着工程师和地理学家等科学工作者,以便绘制被征服国家的地图,记载这些国家的资源,搜集有关自然、历史、地理等方面的资料。公元前332年,亚历山大在埃及尼罗河河口一个地理位置优越的无名渔村建起了一个希腊化的城市,并用自己的名字命名为"亚历山大城"。

海港城市亚历山大城位于尼罗河三角洲的西缘,面对波涛汹涌的地中海,背依宁静的迈尔尤特湖。亚历山大城从公元前332年建成至公元642年埃及被阿拉伯人征服的漫长岁月里,一直是埃及的首都,辉煌一时,并且创造了一系列灿烂的文明,其中的杰出代表就是"西方古代七大奇迹"之一的亚历山大灯塔。

大约在公元前288年,一天夜晚,当时的埃及国王托勒密派往欧洲迎亲的"皇船"在入港时触礁沉没,刚刚娶来的

当年亚历山大大帝占领埃及后,继续挥师东进,打败了赫赫有名的波斯帝国,建立了地跨欧、亚、非三洲的大帝国,先后在西亚、东亚、北非等地建立了数十座城市,均以"亚历山大"命名,而以埃及的亚历山大城最负盛名。

亚历山大灯塔的电脑模拟图。

美丽新娘和前往迎亲的大臣、随从等全部遇难。托勒密国王在悲痛之余，发誓要建造一个世界上最大的灯塔，为往来的船只导航引路，以避免类似的惨剧再次发生。他指派尼克多斯人索斯特拉特负责设计建造亚历山大灯塔。亚历山大灯塔于公元前285年破土动工修建，公元前246年竣工。建成后的亚历山大灯塔颇具巴比伦风格，可能是因为它在设计上仿效了巴比伦的"塔庙"。

据史料记载，亚历山大灯塔位于亚历山大城附近的法罗斯岛防波堤的南端，塔高约135米（当今世界最高的日本横滨港灯塔也只有106米高）。共分4层，第一层是底座，方形，高约69米，内有许多房间，可供人居住；第二层是八角形的塔身，高38米，外表刻有精美的壁画，内部也有多个房间；第三层是灯塔的"灯体"——一个圆形环廊，由8根圆柱撑着一个圆形灯盘，盘中盛有灯油，一到夜间便由工作人员点燃，照亮远方，指引航船入港，在第三层上还有一个巨大的用磨光花岗岩制成的反射镜，白天反射阳光，夜晚则将灯光反射得更远；最上层是一座7米高的海神波塞冬塑像。塔内共有房间近300间，可供上千人居住。塔内上下交通由螺旋形驰道沟通，燃料由马车沿驰道送达灯室。塔身用白色花岗岩砌筑，石缝中间用熔化了的铅液弥合，整体坚如磐石。

7世纪时，伊斯兰名将本阿斯打败拜占庭帝国，在亚历山大城登陆，亚历山大灯塔遭到破坏，到880年才得以修复。到了11世纪末，八角形塔身和圆形环廊在地震中倒塌，仅存正方形塔基。又过了200多年，1302年的一次强烈地震使亚历山大城毁于一旦，亚历山大灯塔自然也就荡然无存了。

从此，巍然屹立了1000多年的亚历山大灯塔从地球上消失了。后人在离亚历山大城48千米的阿布西拉建造了一个它的复制品（55米高），可以使人一睹它昔日的风采。

飘然通天巴比塔

　　巴比塔是《圣经》故事中提到过的一座通天塔,关于它的修建还有一个神奇的传说:古时候,天下人都说一种语言。后来,人们在向东迁移的时候,走到一个叫"示拿"的地方,发现一片平原,于是在那里定居下来。人们计划修一座高塔,塔顶要高耸入云,直达天庭,以显示人们的力量和团结。塔很快就开工修建了。这事惊动了天庭的耶和华。他见塔越建越高,心中十分嫉妒。他暗自思忖,现在天下的人们都是一

这座仿巴比通天塔建造的高塔矗立在旷野中,真有飘飘然通天之感。

巴比塔的构想图。

个民族，都说一种语言，他们团结一致，什么奇迹都可以创造，那神还怎么统治人类？于是耶和华便施展魔法，变乱了人们的口音，使大家无法沟通，高塔也就无法建下去了，最终没有建成。

1899年，德国考古学家罗伯特·科尔德韦在巴比伦遗址进行考古挖掘时，发现了一座塔的巨大塔基。该塔建造在一个名叫"盘子"的凹地里。科尔德韦测量这个庞然大物后认为，这座塔就是《圣经》中所记载的巴比塔。

《圣经》上说，通天塔的材料是砖和河泥，这与巴比伦城里的巴比塔的建筑材料完全一样。"巴比"这个词源于巴比伦文，本来的意思是"神的大门"，由于它的读音跟古希伯来语中"混乱"一词相近，加上当时巴比伦城里的居民讲的语言远不止一种，《圣经》的作者也就很容易把"语言混乱"与上帝对人们建塔的惩罚相联系，编出上述的故事来。

研究者据考古资料认定，巴比塔共有7层，高90米，塔基的长度和宽度均为91米左右。在高耸入云的塔顶建有壮观的供奉马都克主神的神殿，塔的周围是仓库和祭司们的住房。在巴比塔旁边的一座神庙里，曾发现过一块刻有古希腊历史学家希罗多德在公元前460年游览巴比伦城时写下的描述已经荒弃了的巴比塔的文字的古碑。碑文记载说，巴比塔是一座实心的主塔，上面一共有8层。其外缘有一条螺旋形梯道，绕塔而上，直达塔顶。在塔梯中间的地方设有座位，可供人们歇脚。塔顶有一座大神殿，里面有一张精致的大睡椅，旁边有一张金桌子。希罗多德说巴比塔有8层，想必是把塔基的土台或塔顶的神殿也计算在内了。

在5000多年前，人们就能建起一座如此巍峨雄伟的通天塔，实在是人世间的一大奇迹。

有一个问题一直困扰着人们，那就是巴比伦的统治者为何要修建巴比塔？

有人认为这是尼布甲尼撒二世为了宣扬其文治武功，借修建通天高塔，来彰显其荣耀和威严。也有人认为，尼布甲尼撒二世修巴比塔是为了讨好巴比伦的祭司集团，以获取他们的支持。还有人认为，巴比塔之所以修得这么高，是因为人们想把它作为观察天象、探索宇宙奥秘的场所。所有这些答案都只是一种假设，巴比塔的由来仍然是个谜。

太阳神巨像探奇

阿波罗是古希腊神话中的太阳神,是众神之王宙斯与丽托之子。其形象为手持弯弓或拨七弦琴的健美青年,是希腊诸神中最受人们喜欢和推崇的神,世界上很多地方都建有他的神庙,塑有他的雕像。历史上最著名的太阳神雕像,是被列为"西方古代七大奇迹"之一的建在罗德岛上的太阳神巨像。

爱琴海东南端的罗德岛,西距希腊大陆450千米,北距

太阳神巨像的电脑模拟图。

土耳其大陆19千米,是古希腊文明的发源地。在希腊神话中,远古时代,希腊诸神为争夺神位而发生混战,最后宙斯成了众神之王。宙斯给诸神分封领地,唯独遗漏了出巡天宫的太阳神。太阳神归来时,宙斯手指隐没于爱琴海深处的一块巨石,把它封给太阳神。巨石欣然升出海面,欢迎太阳神来居住。太阳神将该岛命名为罗德岛,他的三个儿子卡米诺然、莫诺里索斯、林佐斯也被分封在岛上,并建立起各自的城邦。

传说毕竟是传说,但是在公元前5世纪时,该岛确实有一个具有青铜器时代晚期文化特征的强大的独立王国——罗德国,并且因为它的繁荣富庶引来了战争。而著名的太阳神巨像的诞生,也与战争有着直接的关系。公元前305年,马其顿名将迪米特里率领一支由300多艘战船和4万余名士兵组成的庞大舰队入侵罗德岛,全岛居民不畏强暴,撤守罗德城,与敌人展开了殊死的搏斗。马其顿军队围城一年也未能攻陷,最

图为宙斯神殿的电脑模拟图。宙斯是阿波罗之父、众神之王。

后只得仓皇撤军,将大量攻城的军械设备遗弃于城下。罗德人为了庆祝这次胜利,决定将这些武器装备统统熔化,然后铸造一尊太阳神巨像。他们请来了著名的古希腊雕塑大师哈里塔斯(一说是其老师吕西波),从公元前303年开始,用了整整12年时间,一座34米高的巨大铜像终于落成。

太阳神巨像内部用铁架支撑,中间填满石块以加固和保持重心。太阳神巨像头戴放射光芒状的冠冕,左手执神弓,右手举火炬,两脚站在四五米高的大理石基座上。据说巨像的手指头有几个人合抱那么粗,大脚中空,内部可居住一家人,叉开的两腿间甚至可以驶过帆船。

太阳神巨像的"生命"非常短暂。在2200多年前的一场大地震中,太阳神巨像被震坍倒地。关于太阳神巨像的下落,有两种说法:一种说法是由于太阳神巨像没法被重新竖起,在公元7世纪被分解熔化制作成其他器械;另一种说法是太阳神巨像被盗走,贼船在海上遇风沉没,它也随之沉入海底。后人只能根据史书简略的记载想象它的模样。据说,美国纽约的自由女神像即以太阳神巨像为蓝本,那手擎火炬、头戴光冕的英姿就带有太阳神巨像的影子。

古希腊的明珠——雅典卫城

雅典卫城是希腊古典建筑的杰出代表,也是古希腊文明的标志性建筑。它坐落在雅典市中心海拔152米的阿克罗波利斯山顶上,东西长280米,南北宽130米。公元前5世纪,希腊和波斯之间爆发了长达50年的战争,最后以希腊取胜而告结束。雅典卫城就是为了纪念这次胜利,祭祀雅典的守护神雅典娜(雅典因此而得名)而修建的。据说,整个工期长达40年之久。

巴台农神庙是雅典卫城的主要建筑,由雕刻家菲迪亚斯、建筑师伊克蒂诺斯和卡利克拉特负责设计和承建。公元前447年破土动工,公元前438年建筑主体基本建成。同年,菲迪亚斯用黄金和象牙制作的手持长矛和盾牌、高12米的雅典娜雕像落成。神庙的外部装饰至公元前432年才全部完成。

雅典卫城高高地耸立在山顶,俯视着雅典全城。

雅典卫城的胜利女神庙。

巴台农神庙呈长方形，主体长69.54米，宽30.89米，高20米，它的外部是由46根多立安式环列圆柱构成的长方形柱廊。柱高约10.4米，底径约1.9米，柱身刻有20道竖向凹槽。神庙内设正殿、前殿、后殿。山墙上雕有远古英雄的故事传说，腰线上刻着"女神雅典娜的诞生"、"雅典娜与海神波塞冬围绕阿蒂城土地所有权之争"、"拉比泰族与肯它罗斯族之战"及全长163米、描绘雅典祭祀活动等内容的浮雕92幅，均极精美。神庙在建筑上采用了许多细腻的手法，使其在造型上更有雕塑感。比如，廊柱除了中间两根垂直外，其他的都略向中央倾斜，越靠外边倾斜的角度越大，而且每根廊柱均底宽上窄，中间又略为膨胀凸出，使其轮廓更显优美。廊柱的基石也不是平直的，其中间略微隆起呈弧形，使地基显得厚实坚固。整个建筑结构雄伟匀称、壮丽挺拔，是古希腊全盛时期建筑与雕刻的主要代表作。

伊瑞克提翁神庙。

伊瑞克提翁神庙的女神柱。

　　在神庙内供奉着雅典娜的神像。相传,雅典娜是众神之王宙斯之女,雅典建城之初,她和海神波塞冬争当城邦的保护神,最终雅典娜获胜,雅典也因此而得名。据说神庙内的雅典娜神像全副武装,身穿黄金战袍,头戴花冠战盔,胸前挂着嵌着丑女头像的护胸,右手托着胜利女神尼卡的小雕像,左手握着长矛和盾牌,脚旁停着她的圣鸟猫头鹰。这座雕像出自意大利雕刻家菲迪亚斯之手,是希腊古典艺术的珍品。

　　公元5世纪中叶,神庙被改为基督教堂,雅典娜雕像被罗马皇帝劫走后失踪,至今下落不明。

　　1458年土耳其人占领雅典后将巴台农神庙改作清真寺,并在西南角建了一个尖塔。1687年在土耳其与威尼斯的战争中,威尼斯军队的炮火击中了神庙内储存的弹药,引起了剧烈爆炸，造成庙顶和庙墙坍塌，14根圆柱折断，大火蔓延整座卫城，所有建筑全部被毁，成为一片废墟。1801—1803年，英国埃尔金勋爵将残存的大部分雕刻搬至英国，1861年由英国政府收购，藏于伦敦不列颠博物馆。法国卢浮宫博物馆也有部分收藏。

伊瑞克提翁神庙是雅典卫城中一座较小的神庙，建于公元前421—前406年，同样颇为著名。

整个卫城的建筑与地形结合紧密，极具匠心。如果把雅典卫城看作一个整体，那么阿克罗波利斯山就是它的天然基座。建筑群的整体和局部安排都和阿克罗波利斯山相协调，形成了完整的统一体。因此它被认为是古希腊民族精神与审美精神的完美体现。

从卫城山上远望雅典最高的利卡维多斯山。传说雅典娜当年修卫城时，不慎将用来造卫城的巨石掉落，那巨石就变成了今天的利卡维多斯山。

印第安人的图腾柱

在北美洲西北沿海地区，人们常常可以看见一根根雕满各种滑稽怪诞的人物嘴脸和怪模怪样的动物形象的着色圆木柱，这就是被公认为世界上历史最悠久的传统艺术之一的图腾柱。

图腾柱是印第安人家族谱系的象征。印第安人相信在遥远的过去，所有的动物外表与人都是一样的，直到变形者——渡鸦创造了不同种类的动物。人变成什么样的动物取决

这是秘鲁的印第安人图腾柱，记载有关该部落的神话和传说。

这尊来自哥伦比亚的图腾雕像，表情很冷峻。

于当时的情况——当渡鸦遇到他们时,他们的生活状况、态度和外部行为等。有些刻满了各种形象的图腾柱表现的就是这些神话传说。

由于人们相信所有动物都是由人变成的,每个家族都与某种动物有着亲属或其他特殊关系,因此该动物便成为该家族的图腾——保护者和象征。他们把图腾形象雕刻在杉树圆木上,以显示自身的血统,也作为崇拜和禁忌的对象。对于居住在海洋沿岸的海达人、钦西安人和夸扣特尔人来说,一个人的社会地位与他所拥有的图腾柱的数量有关。通常拥有最多图腾柱的就是氏族的酋长。而一个普通的印第安人,根据图腾柱上面的雕刻物,能够很快说出这个图腾柱主人的血统和战绩,以及有关的神话和传说。

印第安人的图腾柱有很多种,各具作用和意义。

纪念性的图腾柱没有固定的放置地点,它记载的是亲属关系和一个受人尊崇的族长的个人业绩,族长死后一年才能竖起图腾柱。如在一个图腾柱上,灰熊前爪掌心里有特别的

奇妙的屋顶式图腾柱,表现了住在这所屋子里的人的家族谱系。

这组石雕也是图腾柱的衍生物,其雕刻刀法简练明快,不仅具有极高的历史价值,还具有很高的艺术价值。

眼睛,象征一个已逝去的酋长的灵魂。而在另一个图腾柱上,一个流泪女人淌下的眼泪里竟藏着她那死去了的孩子的脸蛋。丧葬图腾柱的顶端有一个小屋,里面放置一个曾身居高位的人的遗骨。有的丧葬图腾柱是两根用来支撑棺材的未经雕刻的柱子,棺材的正面是一块刻有一个顶饰的板子。

房屋门口的图腾柱竖在大型木板房的正面。柱子底部是一个张着嘴的动物,那就是屋子的入口。房屋里面刻着图腾顶饰的柱子表明的是血缘关系和家族史。

还有一种嘲讽图腾柱,上面刻有由于某种原因而失败的某个人物颠倒过来的肖像。如曾有一个女人竖起图腾柱来挖苦她的前夫,还有一个阿拉斯加酋长以图腾柱来讥讽一位徒劳无益地试着要改变他的信仰的俄国神父。

在生产力不发达的远古时代,雕刻图腾柱是一项很浩大的工程，即使是一位熟练的雕刻师，要把一根砍倒下来的杉树圆木雕成图腾柱，再涂上由铁矿石、青黏土、木炭和烧过的蚌壳调成的颜色，也需要花费整整一年的时间。19世纪，印第安人获得了从欧洲传来的铁制工具，用以替代古老的石锛和骨凿，工艺水平才得以大大提高，图腾柱进入了它的黄金时代。

现在，美国和加拿大都成立了艺术学院，专门培养从事图腾柱雕刻工作的土著艺术家。这些土著艺术家雕刻的图腾柱，已经成为许多现代建筑的一部分，在美国西雅图塔科马机场、西雅图艺术中心以及其他公共建筑物的门厅里都可以见到它们的身影。

这是一组不同形态的图腾柱及其局部特写。

为爱而造的泰姬陵

泰姬陵坐落在印度阿格拉附近的亚纳穆河畔，陵墓及其塔楼全部用白色大理石建成。

泰姬陵坐落在印度恒河的支流亚纳穆河之滨，它是伊斯兰古典建筑的典范，被誉为"大理石的梦境"，是举世闻名的世界建筑奇迹。

泰姬陵整个建筑占地面积约17万平方米，呈长方形，东西长约580米，南北宽约305米，四周是红色的围墙。从大门到陵墓有一条用红石铺成的长甬道。白色大理石砌成的陵墓建在7米高、95米长的长方形大理石基座上，四角各有一座40米高的圆塔,称作邦克楼。寝宫总高74米,上部是高耸的圆形穹顶,下部为八角形陵壁。4扇高大的拱门门框上镶嵌着黑色大理石,上面刻有《可兰经》经文。宫壁上用宝石镶成的花卉构思巧妙,光彩照人。中央宫室里泰姬与沙·贾汗的大理石棺材安放在雕花大理石围栏内。寝宫东西两侧屹立着两座完全相同的清真寺翼殿。

泰姬陵整体建筑风格端庄、秀丽,充满灵秀之气,宛如一位绝代佳人。关于它还有一个美丽的传说。泰姬陵始建于1632年,正值印度历史上莫卧儿王朝的鼎盛时期,当时的国王沙·贾汗是一位励精图治、很有作为的君主。他有一个叫姬曼·芭奴的宠妃,不仅貌如天仙,而且聪明贤惠。姬曼·芭奴入宫后,深得沙·贾汗的宠爱,先后为国王生了14个孩子。沙·贾汗赐给这个宠妃一个非常美丽的称号:"泰姬·玛哈尔",意思是"宫廷的王冠"。国王与爱妃情深意笃,形影不离,就是外出巡视时也要把她带上。1631年,泰姬·玛哈尔随沙·贾汗出巡时,因中途生子难产,竟香消玉殒,终

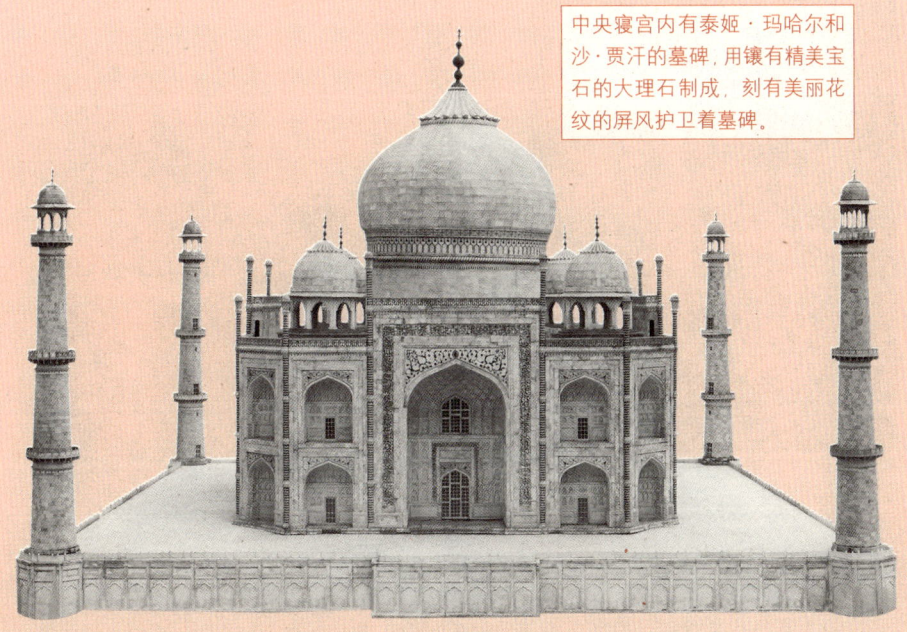

中央寝宫内有泰姬·玛哈尔和沙·贾汗的墓碑,用镶有精美宝石的大理石制成,刻有美丽花纹的屏风护卫着墓碑。

年才38岁。在她弥留病榻之际,国王问她有什么要求,她说:"陛下若不忘我,请为我造一座大陵墓,以此来纪念我们真挚的爱情。"悲痛欲绝的国王遵照她的遗言,为她建造了一座像她一样美丽、举世无双的巨大陵墓,并用她的封号命名,简称泰姬陵。

为了修建泰姬陵,沙·贾汗不惜血本,倾力而为,不但集中了国内所有能工巧匠,还从波斯、阿富汗、意大利、法国等国家请来了很多优秀的建筑师,拟订了多个设计方案,最后是土耳其建筑师乌斯塔德·伊萨集中大家的智慧,确定了最终的设计方案。这个方案突出体现了伊斯兰建筑的特点,并糅进波斯、土耳其、西欧等地的建筑风格。工程于1632年破土动工,费时22年,耗资约4000多万卢比。据说,当时仅采运大理石石料,每天就动用2万多民工,可见工程量之浩大。

泰姬陵上的壁画。

泰姬陵一角。

扑朔迷离的巨石阵

散布在世界各地的一些巨石阵,其来历扑朔迷离,因此长时间吸引着人们的目光。

法国布列塔尼半岛上有一个充满神秘色彩的小镇,名字叫卡尔纳克,其风光秀丽,古迹众多。其中,最为神奇的是其郊外的石阵遗迹——巨石整齐地排列在一望无垠的农田之中,宛若正在接受检阅的威武雄壮的士兵方阵。卡尔纳克石阵穿行于农田、公路、树林和村舍之间,被农田分割成三大片,石块总数约3000块。位于小镇以北1.5千米处的莱芒尼

布列塔尼半岛的卡尔纳克,巨石林立。

卡尔纳克石阵看上去威武雄壮,形形色色的巨石整齐地排列在农田之中。

石阵，规模最大，也是保存得最为完好的。该石阵向东延伸，以12根石柱为一排，整齐而有规律，最高的石柱有7米多高，一如军阵中昂首挺立的旗手。

卡尔纳克石阵长期以来被人遗忘在僻远的田野之中，默默无闻达几千年，直至18世纪20年代，才引起世人的瞩目。据推测，它比突兀耸立在英格兰荒原上的圆形石阵还要古老2000多年。

有关石阵的性质和来历，有各种各样的解释。按照当地人的传说，这些巨石原来是古代罗马军团的士兵。一天，他们在追赶一个基督教的"圣者"时，该"圣者"在面临绝境的紧急关头对着他们画了一个十字。刹那间，天昏地暗，惊雷滚滚，这些士兵竟然统统被化成了呆立不动的石人！当然，这只是传说。关于这处巨石阵，也曾有学者解释说可能与太阳崇拜有关，但证据似乎还不够充分。19世纪，考古学家在卡尔纳克镇周围发掘出许多被认为体现了蛇崇拜的遗迹，于是，有不少学者认为逶迤延伸着的这一排排石阵，很可能是一种图腾象征建筑。1959年，考古学家们利用放射性碳定年法，对石阵的形成年代进行了测定，得出卡尔纳克石阵的出现大约是在公元前4300年的结论，并确认卡尔纳克为世界上最大的新石器文明发源地之一。20世纪70年代中期，英国人亚历山大·汤姆在对卡尔纳克石阵的每一根石柱的方位进行仔细测量后得出了惊人的结论：石阵是一个复杂的月亮瞭望台。他的理由是，当时的天文学家每天夜里观测月亮时，随着月亮的移动而不断改变观测位置，并竖立起一根石柱作为标记。他们运用这种方法掌握了月亮盈亏周期以及其他一些天文知识。但是，这种说法遭到了人们的质疑。20世纪80年代初，由英、法两国考古学家组成的联合考察小组针对汤姆的解释进行了实地考察，认为石器时代人类的智慧尚

英国索尔兹伯里城北的环状列石,为著名的史前巨石阵。

未达到这么高的水平。

在英国索尔兹伯里城以北约11千米处,也有一处巨大的史前巨石建筑遗迹——斯通亨奇环状列石。它的由来,至今仍然是一大奇谜。

斯通亨奇环状列石最初并不是现在这种形态。一开始人们在荒原上划出一个直径达87.8米的大圆圈,在其周边建土墙,土墙的东北方设宽约10.7米的出入口,口外竖一块高4.9米、重35吨的巨石,即所谓"标石"。这个时期的建筑是以后一系列巨石工程的基础。进入青铜时代之后,人们在大圆圈内又设置了两个同心圆形状的环状列石圈,外圈直径26.2米,内圈直径22.6米,共用了82块平均重量约为6吨的巨石。青铜时代中期以后,出现了规模更大的石环,直径达30.4米,在其周围共竖起30块长石,上面再架以横梁,将整个圆圈连成一体。石圈内竖有5个如同门框一样的"三石塔",其中最高大的一座石塔高约9米,重达50吨,是欧洲巨石建筑遗迹中最大的一处单体建筑。

4000年前的俄罗斯哈卡斯怪石，它们的历史比复活节岛石像还久远。

最早注意到这一巨石建筑遗迹的是12世纪英国学者杰弗罗伊，他称这一遗迹为"巨人之墓"，此后，这一名称遂出现在13世纪初的一些著述中。17世纪以后，一些建筑学家根据巨石建筑的精密性推测其为古罗马建筑大师的杰作；另一些学者则认为其与天象观测有关，因为每年夏至那一天，在石圈中心到出口处标石的连线上，可以看到太阳正好在标石上方升起。1973年，英国天文学家霍金斯利用电子计算机将石圈中长立石和标石的位置以及"三石塔"中间的空隙等坐标数据与2000年前的天象进行比较，发现环状列石的一些关键结构的连线与一年中太阳、月亮的运行路线相合处达24处之多。这一发现更强化了环状列石与古天文学有关的观

日本大汤环状列石。

在墨西哥的圣洛伦索有很多诞生于公元前1200年的奥尔梅克雕像,雕像用玄武岩制成,近3米高,是很有特色的艺术品。大约在公元前900年,这些大型雕塑品遭到故意毁坏,被埋在地下,无人知道当时发生了什么。

北美的巨型史前石屋遗迹。

点，但仍有一些学者坚持认为环石可能为一种祭祀遗迹。目前，这一争论尚无最终结果。

日本新石器时代的绳纹文化遗迹中，也存在着类似欧洲新石器时代巨石建筑的环状列石，主要分布在日本东部、东北部以及北海道等几个地域。其中，尤以秋田县鹿角市（原名大汤町）的大汤环状列石最具代表性。

大汤环状列石最早是由日本考古学家后藤守一于1946年发现的，1952年，由日本文化财产保护委员会及秋田县教育委员会再次进行了考古调查。这处遗迹分布在野中堂、万座两个地方，直径分别为40米及60米，由内圈和外圈两个列石带构成，内圈约宽10~15米，外圈约宽30~35米，各圈内有成组的石群，按放射状排列，指向内圈中央竖起的一块巨大立石。这种环状列石的排列方式犹如一个巨大的钟表，因此有人索性将它称为"巨石之钟"。

对于大汤环状列石的性质，日本学术界存在着一些争论。从大汤环状列石的配置方式上来看，它与欧洲巨石遗迹最大的不同点在于其没有放置在四周的横立石作为标石，以指示东、南、西、北的不同方位，似乎不能用来测定天象。因此有人提出这可能是一种具有特殊等级身份的人的墓葬标志。支持这一观点的学者还指出：大汤环状列石中央的立石并不位于两层环状列石带的中心，而是在中心偏西的位置；同时，在环状列石的地下曾发掘出一些大坑，与墓穴的大小相差无几，而绳纹时代的人们对于巨石有着特殊的崇拜，认为它是灵魂之所在，也正与墓葬与祭祀有关。但是，持反对意见的人则指出，在这种看起来类似墓穴的大坑中什么也未曾发现，还难以判定其是否为墓葬。

巨石球之谜

中美洲南部有一片原始森林,1930年夏季的一天,当地一群伐木工人进入该密林作业,无意中在密林深处的沼泽地里发现了许多奇特的石球。石球有数百个之多,大小不一,每个石球球面都异常光滑,上面还雕刻着一些绮丽多姿的图案。石球无论大小,球面曲率几乎处处一样,如果不进行精密测量,根本无法知道其差别。更令人惊奇的是,在明月高照的夜晚,这些石球在柔和的月光照射下,闪闪发光,好像天空中的一颗颗星星。

石球的发现在世界考古学界引起了轰动,一些考古学家借助各种现代化的科学手段,通过对石球反复进行观察、分析、考证,认为它们是人工所为。那么,石球究竟是何人在何时凿成的呢?这一直是个难解之谜。因为在哥斯达黎加的

是谁将一块坚硬的石头打造成浑圆的球形?当地土著人认为它是一条大蛇产的巨卵。这当然是一种迷信的说法。真正原因何在?

古代历史上，从未有关于石球的任何记录；西班牙殖民者于16世纪侵入哥斯达黎加时，也从未听说过关于石球的传闻。再有，这样精美的石球究竟是如何雕凿出来的呢？放在现代社会，也必须用十分锋利的铁矛和钢刀精工雕刻，才能雕凿出结构如此严谨、布局如此和谐的图案。而这一片默默无闻的原始森林，已有几千年荒无人迹了。也就是说，当时还处于原始社会，技术工艺水平极端低下，在只有石器工具的情况下，如何能完成这样精美的制作呢？

问题还有，石球是用花岗石雕凿成的，可是当地并不出产花岗石，石料从何而来？即使像有些专家、学者认为的那样，"石料可能是从很远的地方运来的，或来自距此地几千米的一座小山，也有可能是从48千米之外的迪卡维斯河上游运到此地的"，可是，在没有火车、汽车、拖拉机、起重机之类的交通工具及器械的情况下，只靠人力或畜力如何搬运重达十几吨的石块呢？

1968年3月，美国地质学家史密斯率领一个科学考察团对石球问题作了调查。调查后得出结论，认为这些石球并不

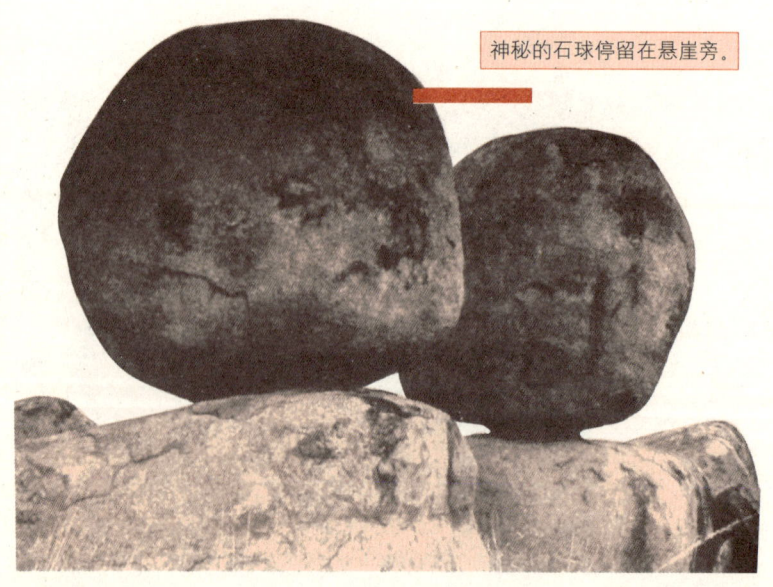

神秘的石球停留在悬崖旁。

是人工的产物，而是大自然的杰作；石球也并不是由真正的石头构成的，而是由一种玻璃状的物质构成的。史密斯认为，4000万年以前，这里曾有过火山活动。火山爆发时，喷发出大量的火山灰，火山灰中有70%～85%是炽热的火山玻璃，温度在537℃～760℃之间。火山玻璃在高温下逐渐冷却，结晶而出。结晶过程是围绕着一个核心开始的，从核心向外扩张，逐渐形成小球。结晶不断析出，球面不断扩张，球体越来越大。直到温度显著降低时，石球才停止生长。可见，石球是在特殊的高温条件下形成的。

两种观点，孰是孰非？

珊瑚石城堡之谜

在美国佛罗里达州有一座珊瑚石城堡。这座迷宫般的珊瑚石城堡,怪石矗立,厅堂、喷泉、石雕精巧玲珑,千姿百态,人在其中,仿佛置身于扑朔迷离的仙境。

城堡的主人李特斯奈克是个充满传奇色彩的人物。1887年他出生于俄罗斯,年轻时与少女安娜·萨哥弗茨邂逅,为姑娘的丽质所倾倒,不久他们就双双坠入情网。可是在新婚之夜,薄情寡义的新娘突然离弃了李特斯奈克,投入另一个情人的怀抱。这突如其来的打击,使李特斯奈克痛不欲生。他愤然离家出走,经加拿大来到美国,最后在美国佛罗里达州定居。他虽身在异国,心中仍痴情地怀念着过去的恋人。从20世纪20年代起,他开始在住所附近的岩床上凿下一块块巨大的珊瑚石,用来建造一座城堡,奉献给心爱的人,寄托自己的眷念之情。

图为美国佛罗里达州的珊瑚石城堡。这座城堡给人们留下了许多未解之谜。

经过20年的艰苦努力,一座露天珊瑚石城堡终于展现在人们面前。这座城堡有许多令人称奇的景观:一座石碑凌空竖立,上面刻着火星、土星的图案;一张硕大的石桌上凿着佛罗里达州的地形图;在一张心形石桌中间栽种着当地最名贵的花卉,它旁边的小石桌上,一棵小棕榈树生机盎然,小石桌周围还摆了几张小石椅。

李特斯奈克还用珊瑚石制作了两件天象仪:日晷仪可在一年之内的任何时候显示时间,其误差不超过5分钟;北极星望远镜可以用来观测晴朗的夜空中的北极星。

珊瑚石城堡还有一扇重达9吨的石门。像是《天方夜谭》中用咒语驱动、藏有财宝的洞穴石门,只要轻轻一推,这扇玄妙莫测的巨大石门便会缓缓开启。前去参观的物理学家、建筑学家都不解其中奥秘。

成千上万的参观者在对这座神奇的城堡赞叹不已之余,不免产生了疑问:规模如此浩大的建筑工程,李特斯奈克一人怎能完成?没有先进的现代化起重设备,他单枪匹马、赤手空拳怎么能吊起重达9吨的石门?如果他雇人施工,就需要有雄厚的经济实力,一个因失恋而移居美国的俄罗斯人怎么能搞得到这么多钱呢?有人猜测,李特斯奈克也许掌握了一些不为人知的建筑技艺。总之,这座迷宫般的珊瑚石城堡给人们留下了很多未解之谜。

用珊瑚石建起一座城堡并不是一件简单的事情。这是用珊瑚石垒成的房柱。

纳斯卡的奇特巨图

在秘鲁的一些地方，有许多神秘的荒原图案，其中最有名的是纳斯卡巨图。

纳斯卡山谷位于秘鲁靠近太平洋的伊卡省，那里有一片250平方千米的荒原。

人们乘坐飞机从空中俯视，会发现整个纳斯卡山谷布满了几何图形和螺旋线条，大小从几千米到几十千米不等。这些图形经过专家辨认分析，得出这样的结论：它们分别是蜥蜴、蜘蛛、孔雀、鳄鱼和某些植物的图案，还有些是地球上的人们从未见过的异禽怪兽的图案。更奇怪的是，每隔一定距离，就重复出现一个与前面完全相同的图案，像是用一台巨型复印机在地面上复印出来的。镶嵌在大地上的这些巨幅图案，长期以来一直被认为是人类文明的奇迹之一。

这幅图案名曰"蜘蛛"，全长46米。

这只在地面"绘制"的"大鸟",全长135米,一笔"画"成,干净利落。

这幅三叉戟图案看上去像一个灯台。

　　一位研究者在黎明登上山头,发现原来认为只有在飞机上才能够看出的巨图,在朝阳的斜射下,竟也清楚地展现在眼前;但太阳一升高,巨图立即就从眼前消失了。这表明巨图的作者不仅是一位优秀的艺术家,而且还是一位卓越的光学专家。他能够准确地计算出黎明时太阳斜射的光线角度,并据此确定巨图各线条的宽度和深度,使之在阳光斜照下能跃然浮现于地面。

　　更让人惊奇的是,最近又有人发现巨图中某些线条竟似飞行时的"标志线"。"标志线"由平原向山坡伸展,遇悬崖便沿斜坡迂回,好像是在山峦中开凿出的一条公路,沿其飞行,就能把飞机领航到纳斯卡平原上空。一些人进一步推论,认为这不是一幅简单的巨图,巨图中的某些线条更像是飞机"跑道"。于是有人大胆地猜测,这也许是"外星人"飞行器

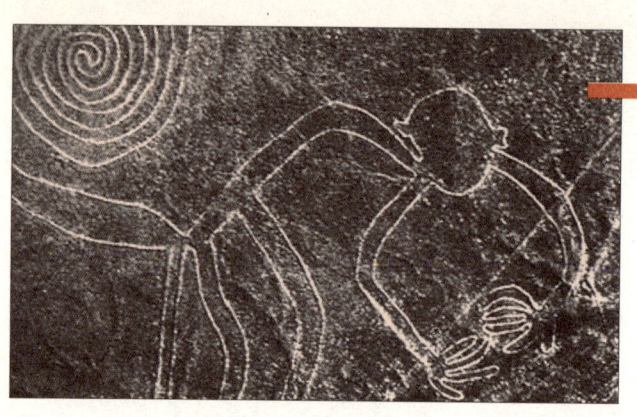

如此充满想象力的图案,难免让人浮想联翩。这难道是一只卷尾猴吗?

的跑道遗迹。但也有人指出,从现代航天技术看,先进的航天器是不需要跑道的。

纳斯卡平原贫瘠而又荒凉,这里每年最多只下半小时雨。有人认为,长时间无雨,也许是这些神秘的图形能保持完整无损的一个重要原因。美国航天总署对这里恶劣的生态环境产生了兴趣,认为它与火星表面有些类似,曾专程派人研究这个地区,想用它来进行火星生命生存的可行性研究实验。

与干涸荒凉的地理环境相应的是,这里的土著居民社会发展水平十分低下,有些领域至今还停留在石器时代。这与巨图所表现出来的高超的设计、测量和计算能力以及对几何图形的认识程度,根本无法联系在一起。

到目前为止,还没有任何人能对纳斯卡巨图做出合理的解释。

令人费解的欧帕兹

所谓"欧帕兹"(OOPARTS),就是 Out of Place Artifacts 的简称,意为"在不应该出现的地方出土的手工制品"。

1844年6月22日,英国《泰晤士报》发表了一则消息,称在苏格兰西南部托依多河附近,一位从事手切石工作的工人从石头中发现了一段制作精良的金属线。一些地质专家认为,这块含有金属线的石头,其形成时间已经超过6000万年。那么,这段金属线是谁制造的呢?

这些从玛雅废墟中出土的用黄金打造的小"飞机",从样式上看都是"喷气式",迄今还没有发现"螺旋桨式飞机"。

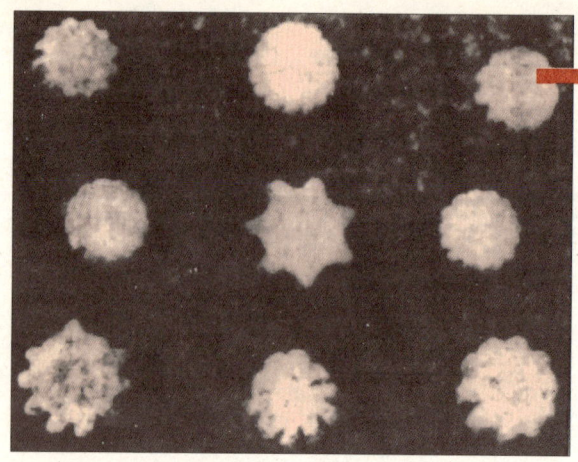

图为在美国发现的石制齿轮,距今已有9000年的历史。

在美国东北部的缅因州的一个村庄中,一位居民收藏了一块拳头般大小、里面含有金属的石英石。在感恩节那天,他拿出石英石给朋友看,结果不小心掉在地上摔碎了。石英石裂开后,在其中间发现了一根已经锈蚀了的钉子,呈笔直状,长约5厘米。据考证,这块石英石至少有100万年的历史。

1852年6月5日,美国一家科学杂志报道说:"数天前,位于美国东北部某州的一座礼拜堂南边数百米处,正进行着

古希腊人制作了许多以孔雀、马、象、天鹅等动物的头像为装饰物的飞天战车模型,希望有朝一日能驾驶这种像船一样的飞行器飞上天空。这种模型对后世飞机的出现具有极大的启迪作用。

爆破岩石的工作。此工作是将巨大的岩石炸开，变成数吨重的岩石碎片……爆破后人们在碎石中发现了两个被损坏了的金属容器。这两个容器高30厘米，底部宽42厘米，上部宽16厘米。容器本身的颜色与金属锌相似。容器侧面有6朵花的图案，是用纯银镶上去的。底部周围也有银质的雕饰。从

这是1937年在伊拉克出土的一个金光灿烂的小金人饰物，这说明远古时代人类就已拥有了电镀知识和技术。

在日本青森县出土的一尊土偶，头上戴着一副"遮光镜"，身穿"宇航服"，完全是一副宇航员的模样。

从埃及古墓中挖掘出来的"滑翔机"模型，具有平行的两翼及垂直的尾翼，非常符合航空动力学原理。

这些情况可以看出,制作此容器需要相当高的技巧,可它却是从地下约 4.6 米深的坚硬的花岗石中被炸出来的,简直不可思议……"

1961年2月13日,3个美国人在美国加利福尼亚州中部的科索山采集石料时,挖到一块特别的石头。起初他们以为

在墨西哥"碑文神殿"的王墓中发现了一个巨大的石棺。在石棺盖上刻有谜一样的浮雕,虽被人类考古学家解释为象征复活的仪式和生命树,但一些科学家却认为,这是一个操纵火箭的宇航员浮雕。那么,葬在石棺中的是何许人呢?

这是在巴格达附近出土的一面透镜,据检测已有3000多年的历史。

这只是普通的晶石，但第二天在工作室中，当他们把这块石头切成两半时，竟发现其内部有一个像现代的点火器一样的机器零件，它有直径约2厘米的金属轴，此金属轴被包在已呈化石状的六角形筒中。金属轴虽不带磁性，但靠近磁铁还是会有反应。据地质学家称，此石块至少有50万年的历史。

在已发现的欧帕兹中，最有名的就是萨尔兹堡立方体。据说此物是于1885年在奥地利中部的欧巴耶思塔州发现的。此立方体高约67厘米，长、宽约为47厘米，重约785千克。对此物体提出报告的哥尔特博士认为，包着此物体的煤，是属于7000万年前的褐炭。当此物被送到奥格斯塔姆博物馆收藏时，经过化学分析证实其成分的确是铁。有人认为，这是一块天然铁；也有人认为，这是一块铁陨石。它究竟是什么，现在仍无定论。对此事件，英国科学杂志《奈查》和法国科学杂志《拉斯林》都有详细的报道。

德国考古学家威廉·凯尼西，在伊拉克巴格达博物馆的地下室中发现了一个帕契亚时代（公元前650—前250年）的陶罐。乍一看它只是一个普通的陶罐，但开封之后却发现其内部有一个长12.5厘米、直径3.8厘米的铜罐，铜罐的底部是用铅锡合金焊成的，里面还有已被腐蚀的铁棍。当科学家们得知此罐的构造后大吃一惊，因为此构造同伏特发明的电池完全一样。不久，又在巴格达及格布特附近出土了十几个这样的陶罐。美国电气工程师格雷决定按照陶罐的详细构造重新制造一个"古代电池"。当然，他并不知道古人是用什么来做电解液的，便用硫酸铜进行试验。令人吃惊的是，这个"古代电池"竟可发出电压为1.5伏的电。可是在2000多年以前，帕契亚人制造电池做什么用呢？

如今，在世界各地发现欧帕兹的消息仍然经常见诸报端，对此我们该作何解释呢？

倾斜的奇迹

　　大名鼎鼎的比萨斜塔,其实并不是一座塔,而是坐落于比萨城东北角的奇迹广场上的比萨主教堂建筑群的一部分——钟楼。

　　比萨斜塔由奥地利人弗利格尔穆和柏南努斯设计,始建于1174年,历时100多年,到1350年才完工。除了几根柱子的材料为花岗石外,其余全部建筑材料都是大理石。比萨

著名的比萨斜塔实际上是比萨主教堂的钟楼。

著名的比萨洗礼堂。

　　斜塔总高56.7米。塔的截面为圆形，塔体逐层缩小，中间6层形制完全相同。塔基直径约19.6米，顶层直径12.7米。全塔总重1.45万吨。塔高8层，底层有15根圆柱，中间6层各有31根圆柱，顶层有12根圆柱；各层均以连列拱作装饰母题，2至7层为空廊，第八层为钟亭，向内缩进，底层墙上装饰着大量浮雕。塔内有螺旋状楼梯294级，可盘旋而上直达塔顶。

　　比萨斜塔刚开始建造时，也是直立的，当第三层完工时，人们发现由于地基打得不深，土层强度低（整个比萨城是在一条河谷的冲积地上建立起来的），塔身开始倾斜，负责建造该塔的工程师下令将下陷一边的层高加大以图补救，结果沉陷更甚，最后不得不停止施工。

　　94年后，建筑师西蒙受命负责继续进行斜塔的施工。当他于1275年开始着手工作时，斜塔第三层上缘的倾斜幅度已达90多厘米。

对此，西蒙不加理会，于1284年又加了3层。当然，这样做不是没有具体的措施的，因为西蒙和后来的建筑师也要顾及建筑物的倾斜问题。为了减轻斜塔上部的重量，西蒙不仅减薄了墙壁，而且采用了轻质灌注材料，并在内外壁之间留有30~80厘米宽的空腔，越到上面，空腔越大。

直到1350年，斜塔才建成我们今天所看到的模样。最后一个建筑师是皮萨诺，第七层、第八层及钟架就是在他手里建成的。在第七层和第八层之间，斜塔来了个转折，即第八层是向北面倾斜的（整个塔身向南倾斜）。此外，斜塔没有楼顶，这也是建筑师们用来减轻重量和平衡倾斜的一种巧妙手法。在斜塔建成时，塔顶中心点已偏离垂直中心线2.1米。

比萨斜塔自建成以来，每年以1~2毫米的速度倾斜，如今倾斜度已达5.5°，塔顶中心点偏离垂直中心线近5米，塔顶南侧比北侧低2.5米，看上去岌岌可危。斜塔之所以能斜而不倒，主要在于其优良的建筑质量——每块砖石都紧紧黏合在一起，使斜塔保持着良好的完整性，否则，斜塔早就断裂倒掉了。

为了挽救斜塔，人们献计献策，提出了各种设想：有的人想用系绳气球提吊斜塔，减轻它对地基的压力；有的人想把斜塔"拔"出来，一砖一砖重新修整；有一家公司建议用钢棒支撑斜塔，另一家公司则建议用钢丝绳来固定斜塔……此外，人们还提出了不少加固斜塔的方法。

但是，任何举动基本上都是危险的。1934年，人们曾将90吨水泥灌入斜塔地基及其四周，结果斜塔倾斜的速度更快了。不过，1970年那一次的行动是成功的：在斜塔四周方圆3千米的范围内禁止取用地下水，地下水位因此稳定下来，从而使斜塔放慢了倾斜速度。

1990年，比萨斜塔停止接待游客，进行维修加固：先用

1590年，意大利伟大的科学家伽利略曾在比萨斜塔上做过一个著名的自由落体运动实验。他使两个重量不等的铁球从塔顶垂直自由落下，结果它们同时着地，从而一举推翻了古希腊著名学者亚里士多德得出的"重量不同的物体，其下落的速度也不同"的判断。由此，比萨斜塔更加名闻遐迩。

18根钢缆将底层檐口箍起来，让底座与地基牢牢地固定在一起；随后在石基座上加了一个钢筋混凝土的壳状物，再往北侧上翘的地基里灌进600吨铅液，以平衡南侧的重量。这一措施的效果颇为明显，到1993年底，塔身不仅未再倾斜，反而向北侧矫正了4毫米。

当然，要想长治久安，必须改善斜塔塔基下的地质状况。因为比萨城是在一个河谷的冲积地上建立起来的，塔又建在一个不平坦的小坡顶，地基下的黏土层受重压而紧缩，且受压不均匀，导致地面建筑物倾斜，而地下浅水层一有变动，又会影响黏土层的收缩。

不过，人们也大可不必过分担心斜塔的安危，因为根据万有引力定律，在每年倾斜约1毫米的情况下，大约在2000年以后，斜塔的北缘才会超过原来的垂直中心线，这时斜塔才会倒掉。相信到那时，人们一定会想到更好的办法，以阻止这一情况的发生。

冬宫和夏宫览胜

圣彼得堡这座古老的城市始建于1703年，是俄罗斯通向西方的门户，也是世界著名的历史文化名城。它是一座可以与意大利威尼斯相媲美的水上城市，河渠水道交错，300余座造型各异的大小桥梁把近50个岛屿连接起来。每年的六七月份，这里还会出现极为罕见的极昼现象。

冬宫是圣彼得堡最大的巴洛克建筑。始建于1754年，1762年落成，1837年被一场大火焚毁，之后又进行了重建。它是一座3层的长方形建筑，占地面积约9万平方米，建筑面积约4.6万平方米，共有大小厅室1000多个。冬宫的色彩

冬宫全景。冬宫面对涅瓦河，原是沙皇的皇宫，现为爱尔米塔什博物馆，是世界上最大的博物馆之一。

位于圣彼得堡西郊的夏宫，修建于18世纪，为巴洛克式建筑。其前庭有一个有"大瀑布"之称的水景，水流从64个喷水口与37座雕像间呈阶梯状往下流淌，十分壮观。

有"俄罗斯通往西欧之窗"之称的圣彼得堡是一座建于涅瓦河口低洼地上的水都。图中战舰为"阿芙洛尔号",1917年的十月革命即为该舰发射第一枚炮弹而揭开序幕的。现已改为博物馆。

很特别,不是人们常见的庄严的灰色或暗红色,而是浅绿色。浅绿色的外墙、白色的立柱和古铜色的檐顶雕像,与涅瓦河的碧波交相辉映,别有一种迷人的风采和生动的气韵。

冬宫内部1000多个厅室的装饰、布置无一雷同,壁画、雕塑及其他用各种高级材料制作的装饰品布满了各个厅室的每一个角落。以著名的黄金厅为例,从天花板到墙壁、地板、家具,无一不是用黄金打造的,其豪华奢侈程度令人咋舌。在御座大厅(又称乔治大厅)的御座背后,有一幅俄国地图,由4.5万颗彩石镶嵌而成。

在冬宫外面有著名的冬宫广场,在广场中央竖立着一根亚历山大纪念柱。这根花岗岩石柱高47.5米,圆柱直径近4米,总重量600吨,其奇特之处在于它不用任何支撑,只靠自身重量屹立在基石上。石柱的顶端立着一个手持十字架的天使,天使脚下踩着一条象征敌人的蛇。

十月革命以后,冬宫成为对大众开放的博物馆,馆内藏品多达270万件,其中包括大量艺术珍品,是与伦敦的大英博物馆、巴黎的卢浮宫、纽约的大都会艺术博物馆齐名的世界四大博物馆之一。

俄罗斯不仅有冬宫，还有夏宫。夏宫是彼得宫的俗称。它始建于1714年，原是沙皇彼得一世的乡间别墅，1717年彼得一世访问法国后，决定将它扩建成能与凡尔赛宫媲美的皇宫。1721年建成巴洛克式大宫殿，以后这里经过不断扩建，逐渐成为俄国最豪华、最受皇室喜爱的避暑胜地。

夏宫位于圣彼得堡西南29千米处，面积1.18平方千米，濒临芬兰湾，是由多组建筑和花园、喷泉组成的大型宫苑，按地势分为上、下两层：上层是上花园，有彼得宫的标志性

夏宫大殿及"大瀑布"喷泉。

夏宫里有很多精美的雕像。

建筑——大宫；下层为下花园，著名的"大瀑布"喷泉群及彼得大帝最喜欢的蒙普拉伊宫都建于此。

大宫是夏宫最雄伟的建筑，建筑风格为巴洛克式，分上、中、下三层，屋顶呈皇冠状。大宫内有许多大厅，各厅天花板上多有壁画，地板都用上等细木镶嵌成各种美丽的图案。各厅的室内装饰和陈设各有各的风格。如著名的蓝色客厅，其整体色调是蓝色，四面墙壁上挂满了各国历史人物的画像，室内各类家具均有精致华美的包金木雕，极为富丽堂皇。

夏宫另一建筑特色是喷泉数量众多，它们与宫殿、花园和谐相称、水乳交融，因此有人也称夏宫为"喷泉之都"。其中最著名的是"大瀑布"喷泉群，它由64个喷泉组成，并配有200多座雕像，是世界上最大的喷泉群之一。在"大瀑布"喷泉群中央，矗立着《圣经》故事中著名的大力士参孙与雄狮搏斗的金像。在被参孙撕开的狮嘴中，喷出一道22米高的水柱，直冲云霄，蔚为壮观。

莫斯科克里姆林宫墙外的华西里教堂，主体是由坐落在同一个高大平台上的9个塔式建筑组合而成，结构十分复杂，似一团升腾跳跃的火焰。

造型最奇异的歌剧院

在澳大利亚悉尼杰克逊湾,有一个造型奇特的建筑——从远处望去像一叶巨大的百合花似的白帆,从近处看去又宛如一枚枚重叠屹立在海滩上的大贝壳,这就是1991年被英国《泰晤士报》评为"20世纪世界七大奇迹"之首的悉尼歌剧院。

悉尼歌剧院三面环水,整个建筑占地18400平方米,长183米,宽118米,高67米,有20层楼那么高。门前大台阶

悉尼歌剧院的造型颇为奇特,有人说像船帆,有人说像贝壳。

你看,悉尼歌剧院像不像一艘漂浮在蔚蓝色大海上的白色多篷帆船?可设计者的本意却是切开的橘子瓣,这真是大大出乎人们的意料。

宽90米,由桃红色花岗石铺面,是当今世界最大的室外台阶。10个大小不等的贝壳形尖拱顶,由2194块弯曲形混凝土预制件拼装而成,拱顶外表覆盖着105万块瑞士制造的白色瓷砖;壳顶开口处由2000多块高4米、宽25米的玻璃板镶成,这不仅使整个歌剧院内的光线非常充足,而且人们站在室内也可以欣赏大海与港湾的风景。歌剧院内部包括4个主要演出厅:一个有2690个座位的大音乐厅,一个有1547个座位的歌剧院,一个有544个座位的话剧院,一个有419个座位的电影院,可同时容纳7000余人。另外还有5个排练厅、65个化妆室以及录音厅、展览厅、接待厅、图书馆、餐厅、咖啡馆、酒吧、出售纪念品的小商店等大小厅室900多间,宛如一座水上城市。仅其中的贝尼朗餐厅,每晚就要接待顾客6000人次。室内布置得富丽堂皇,舞台设备尽善尽美,各种演出频繁。悉尼歌剧院每天对外开放16小时,每天平均安排10场不同的演出。除了澳大利亚本国游客以外,每年来此参观的外国游客有300多万人。

那么,这个奇妙的、在建筑史上享有盛誉的建筑是由谁设计的呢?它的设计者来自安徒生的故乡丹麦。1956年的一天,37岁的丹麦建筑设计师约恩·乌特松无意中看到一则澳大利亚政府征集悉尼歌剧院设计方案的广告,产生了强烈的

悉尼歌剧院的设计约恩·乌特松。

悉尼歌剧院的施工现场。

创作冲动。于是，富有诗人气质的乌特松度过了一个个不眠之夜，撕碎了一张张图纸，不断地修改构思，最后终于拿出了一个富有诗意的方案。

然而乌特松的方案刚拿到设计方案评委会时，并没引起重视，在大多数评委的眼皮底下被判了"死刑"，成了被淘汰到纸篓里的一团废纸。后来，刚刚抵达悉尼的评委会成员、著名美国建筑师伊洛·沙尔兰提出要看所有设计方案，当他从纸篓里翻出乌特松的设计方案时，眼睛倏然一亮，那欣喜万分之状不亚于哥伦布发现了新大陆！他惊呼道："艺术珍品！艺术珍品！"伊洛·沙尔兰以他的慧眼，力挽狂澜，勇排众议，进行了卓有成效的"游说"，以至于众多评委后来也感到了这个设计方案的魅力所在，纷纷易帜，与伊洛·沙尔兰"统一认识"、"统一步调"。乌特松的方案最终被评委会确定为优胜者，他们从纸篓里捡回了20世纪世界建筑史上的一个奇迹。

对于悉尼歌剧院那独特的造型究竟象征着什么，众说不一，最集中的说法有两种：一种说法认为它形若贝壳，洁白夺目；另一种说法认为它宛如巨帆，扬帆出海。

令人意想不到的是，在悉尼歌剧院落成20年之际，当记者采访乌特松时，他披露了这样一个秘密："歌剧院的造型并非风帆，也不是贝壳，而是切开的橘子瓣。"他说："许多人都说，大海里的贝壳和风帆赋予了我创作灵感，实际不是那么回事。它只是一枚橘子，你如果将橘子切开后，橘子瓣的形状同歌剧院的屋顶造型是相像的。当然，我不否认，它又恰好与白色的风帆及贝壳类似，但这并不是我当初的本意。不过，我非常喜欢人们把它喻作贝壳和风帆。因为，这两种形象本身都是很美的。"

乌特松之所以把歌剧院顶部设计得高耸奇特，主要是考虑到杰克逊湾周边环境平坦开阔，歌剧院所处位置较低，因此必须在屋顶造型上做文章，才能与环境氛围相适应，不至于在视觉上留下遗憾。

现代建筑奇迹

帝国大厦的建成,标志着20世纪高层建筑的兴起。

西尔斯大厦曾是世界第一高楼。

自从20世纪初美国纽约57层的摩天大楼华尔胡斯大厦(242米)问世以来,世界各国由于城市人口日趋膨胀、建筑用地日趋紧张、地价日趋昂贵,房屋竞相向高空发展,摩天大厦如雨后春笋般地矗立起来。20 世纪 30 年代是摩天大楼发展的黄金时期，大名鼎鼎的帝国大厦就诞生在这个时期。

　　帝国大厦坐落在美国纽约市最繁华的曼哈顿中心区第 34 街和第 5 街的交角处。于 1929 年 3 月 17 日破土动工，次年即告完工。设计师是史塔生。1931 年，美国总统胡佛和纽约

这是 1948 年《纽约时报》刊登的一张新闻照片，两位跳伞爱好者将帝国大厦当成了伞台。当他们落地之后，等待他们的不是鲜花，而是拘禁和罚款。

我国台湾省的"台北国际金融中心"，楼高 508 米，其中地上 101 层，地下 5 层，是目前全球最高的摩天大楼。

迪拜塔位于阿拉伯联合酋长国迪拜城，是一幢正在建筑中的摩天大楼。它的高度一直被严格保密，据推测约为 705 米。

美国明尼苏达州阿波利斯西北中心大厦是一幢建于20世纪30年代的57层建筑。这个高度在今天已经不算稀奇了。

州州长史密斯主持了启用仪式，从此它成为纽约的象征。帝国大厦共有102层，高381米，在20世纪70年代之前一直是世界上最高的摩天大楼。1951年，在它上面又增建了电视塔，使总高度增加到449米，1984年再次更换了天线，总高度又降为443米。

建造帝国大厦用去约1000万块砖、400吨不锈钢、6万吨钢筋。它是一幢综合性的办公大楼，拥有6400扇窗子、72部电梯和2万多名工作人员，每天进出大厦的约有5万人。建造这座大厦的速度是建筑工程史上的一大奇迹，全部工程只花了1年零45天。至今，美国的建筑师们仍然认为帝国大厦是个杰作。

帝国大厦自建成以来，每年都有100多万游客来大厦观光。爱因斯坦、丘吉尔、墨索里尼、赫鲁晓夫、卡斯特罗和伊丽莎白女王等世界名人都曾在此驻足。游客们可乘电梯参观位于第86楼的露天瞭望台和位于第102楼的瞭望厅。天气晴朗时，方圆130千米的风景可以尽收眼底，邻近四个州的一些景色也能依稀入目。有时游客们低头俯视，只看见下面阴雨绵绵，抬头仰望却是阳光灿烂，感觉自己仿佛置身于云层之上。在大厦顶楼，有关人员曾测得每小时300千米的风速。1964年起，大厦最上面的30层外壳全部用彩灯装饰，通宵闪亮，瑰丽无比。

虽然更高的摩天大楼不断涌现，高度纪录不断被打破，但帝国大厦在人们的心目中仍然是人类建筑技术的缩影和纽约最吸引人的地方。

继帝国大厦之后在高度上长期雄踞摩天大楼世界之巅的是1974年在美国芝加哥建成的西尔斯大厦，其总高度为443米，地下4层，地上109层，总建筑面积42万平方米。建造这座大厦耗用了大量建材，其中钢材7600吨，混凝土55700立方米。它由世界闻名的美国SOM设计事务所高级设计师法尔努·肯设计。大厦由9个23米见方的矩形方筒组成。建筑形体逐段收缩。方筒平面没有内柱，可由客户随意分隔。大厦顶部的设计风压为305千克/平方米，允许位移为整个高度的1/500，建成后在最大风速时实测位移为460毫米。大厦内的各种安全设施非常齐备，电子消防喷洒器可将水洒至大楼内的任何一个角落。从底层乘高速电梯到最顶层，用时不过1分多钟。

随着摩天大楼的高度纪录不断被打破，人们产生了这样的疑问：摩天大楼的高度究竟有没有极限？按照美国建筑师契拉西的"悬拱"理论，这个极限是900米高、400层楼。当然，随着科学技术的不断进步，这个理论极限也将不断被打破。

世界第八大奇迹

1974年在中国陕西临潼骊山北麓出土的秦始皇陵兵马俑,被誉为"世界第八大奇迹"。当你来到秦始皇兵马俑博物馆的展出大厅,一定会为眼前展现的一切所震撼:已经出土并被修复的千余件威武雄壮的秦俑,排开阵势,庄严肃穆,浩浩荡荡。其规模之宏伟、气势之磅礴,堪称空前绝后、举世无双。

2000多年前,秦始皇统一了中国。称帝后,他一面派人寻找长生不老药,一面派人驱使20多万民工到骊山为他建造

秦俑头。

陵墓。兵马俑坑便是秦始皇陵的重要组成部分。

20世纪70年代，考古工作者在秦始皇陵东侧地下4～6米深处相继发现了一号、二号、三号兵马俑坑。一号俑坑面积为14000多平方米，是一座土木结构的大型建筑。俑坑东端有5个门道，进门后是一条南北向的长廊，排列着面朝东方的3列武士俑横队，其后有11个门洞，步兵俑和车马俑相间对称排列成38路纵队，一直延伸到西端，构成了极其严整的长方形军阵，兵马俑总数达6000之多。二号和三号俑坑在一号俑坑北侧东端，面积分别为6000平方米和500平方米。

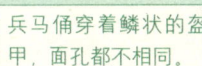
兵马俑穿着鳞状的盔甲，面孔都不相同。

二号俑坑平面为曲尺形，由步兵武士俑、驷马战车、战车和徒手骑兵俑、骑兵俑和驷马战车四部分组成混合军阵，共有战车80余辆、车士俑200余个、陶马350余匹、骑兵俑110余个、步兵俑560余个、马鞍110余件，还有大量至今仍熠熠闪光的金属兵器。

出土的兵马俑中最高的是将军俑，高达1.96米，武士俑高1.80米，均身穿铠甲或战袍，束带、扎绑腿，或挟弓持箭，

不同姿态的兵马俑。

或手握剑、矛、弩机等武器，或手牵战马，或蹲跪作射箭状，身形各异，面容不一。陶马高约 1.70 米，与真马相似，战马的双耳直立前倾，额前两绺分鬃微向上翘，双眼正视前方，昂首作嘶鸣状，造型逼真，栩栩如生。整个兵马俑坑内的陶俑和陶马的颜色是以红、绿、黑为主，再衬以蓝、紫、白、黄等颜色，色彩对比强烈而又十分和谐，更增添了军阵威武雄壮的气势。以实战的军阵形式组成的兵马俑，是秦始皇统率的"奋击百万"、"战车千乘"的秦军的一个缩影，给人以威武肃穆、严阵以待的强烈印象。

　　称兵马俑为"世界第八大奇迹"，还在于它体现了中国古代的能工巧匠们高超的技艺和高度的智慧，它在很多方面都创造了人类文明史上的奇迹。以复制陶马为例：秦始皇兵马俑博物馆里有个复制工厂，工人们复制出土文物个个都是行家能手，经过近10年的努力，现在已经复制成功秦兵俑，但就是无法复制出一匹陶马来。他们花了两个多月时间，好不容易用泥土雕塑了一匹马，可放进窑里一烧，不是变形就是开裂。翻来覆去多少回，结果总是相同——竹篮打水一场空！可这样的陶马，在兵马俑坑里竟多达600余件。我们不

这样的阵列，让人叹为观止！他们似乎是在等待着进军的号角。

能不叹服古代能工巧匠们高超娴熟的泥塑工艺和制陶技术。我们完全有理由说，兵马俑是中国古代劳动人民高度智慧的结晶。

再以二号坑中出土的青铜剑为例，该剑长度为86厘米，剑身上共有8个棱面，科研人员用精度为0.02毫米的游标卡尺对它进行测量，发现这8个棱面极为对称均衡，每个棱面之间的误差都不到0.1毫米，也就是说，棱面宽度相差只有一根半头发粗细。目前这里一共出土了19把青铜剑，每一把剑的棱面误差，毫无例外地都在0.1毫米以内。

这些青铜剑在潮湿的兵马俑坑中已经度过了2000多年的漫长岁月，但当它们出土时，居然无蚀无锈，光亮如新，锋利如初，甚至还能切断发丝。经检验，青铜剑内部结构严密，没有砂眼，外表磨纹细密，纹理平行而无交错。

这其中有什么奥秘？科研人员用先进的科学仪器进行分析，终于揭开了谜底。原来在青铜剑的表面有一层厚约0.01毫米的氧化膜，其中含铬2%。就是这层含铬氧化膜，起到了防锈作用，从而使青铜剑历经2000年之久而仍然熠熠生辉。

这个发现一经公布，让世界为之一惊。要知道这种金属铬盐氧化处理方法，是在近代才出现的一种先进工艺。德国在1937年、美国在1950年才先后掌握，并申请了专利。令人更加惊奇的事还在后头。当年在清理一号兵马俑坑的第一过洞时，考古工作者发现有把青铜剑被一尊秦俑压弯了，弯曲程度超过了45°。而在人们把秦俑移开后的那一刹那，奇迹突然出现了，这把又窄又薄的青铜剑竟立即反弹、自然复原！

不过，有一个问题一直困扰着人们：秦王朝花费那么多人力物力来建造这样一个人间奇迹，可在历史上却没有留下任何记载，甚至连民间传闻也没有，这是为什么？

世界屋脊上的布达拉宫

在中国的少数民族建筑中,藏族建筑以其神秘的宗教氛围、突兀的造型和强烈的色彩对比而著称,而建筑在世界屋脊上的布达拉宫便是其中的杰出代表。

布达拉宫位于拉萨西部的布达拉山(红山)上。据史书记载,7世纪时,吐蕃王松赞干布曾在此山为入藏的文成公主建过一座宫殿,9世纪毁于兵火,只剩下"曲吉卓布"和"帕巴拉康"两处佛堂。清代顺治二年(1645年)五世达赖喇嘛兴工重建,历时50年。从此布达拉宫成为历世达赖的驻锡之所。"布达拉"是梵文"普陀罗"的译音,原指传说中观

布达拉宫远眺。

从大昭寺遥望布达拉宫。

音的道场印度南海岸的一座山,松赞干布和五世达赖喇嘛自称为观音的化身,故宫名"布达拉"。

　　布达拉宫占地10万多平方米,它依山叠砌,蜿蜒到山顶,殿宇重叠,金碧辉煌,气势雄伟,体现了西藏古代建筑艺术的传统和独特的风格。它是历代达赖喇嘛的宫殿,也是原西藏政教合一的统治中心。宫体主楼号称13层(实际是9层),建在山的南坡,用石块从半山腰起筑,高117米(连山坡在内总高178米),东西长360多米,宫墙厚为2~5米,外墙呈红色,称为红宫。宫内主要是历代达赖喇嘛的灵塔殿和各类佛堂。红宫东面建筑为白宫,墙面呈白色,是历代达赖喇嘛理政和居住的宫殿。红宫西面紧连西白宫。

　　布达拉宫建筑艺术最突出的特点是建筑和山形的结合,其建筑形体完全依附于地形的起伏变化,创造出各种奇特雄伟的造型。布达拉山形横长,中部稍凹,建筑也按东西横长布置,前端中部稍稍凹进,形状与山形一致;山的坡度东缓西陡,建筑最高处也偏向西端;建筑外墙全用花岗石砌筑,各平顶由下至上层层推进,立面凹凸起伏变化顺应自然山岩构成规律。为了突出建筑的高耸雄伟,建筑立面最下面的台基是顺着山坡填筑的,并特意添加了两排封死的盲窗。建筑本身是从第三层窗洞开始的（窗洞是藏式建筑特有的梯形窗），这样一来便夸张了建筑的实际高度。建筑基部与山坡无明显分界，整座宫殿仿佛山的一部分，人工与自然融为和谐的整体。

布达拉宫内的主要宫殿也都各具特色。

达赖灵塔殿：殿内有五世、七世、八世、九世、十三世达赖喇嘛的5座灵塔殿（即存放灵塔的殿堂）。十三世达赖喇嘛灵塔殿建于1934—1936年，是宫内最大、最精致的一座。殿高3层，四周墙上绘有表现十三世达赖喇嘛一生事迹的壁

拉萨大昭寺侧殿供奉着文成公主塑像，供世人凭吊。

布达拉宫内供奉的金制释迦牟尼像和银制五世达赖喇嘛像。

画，殿内有一尊用50多千克白银铸成的十三世达赖喇嘛像。

东大殿：建于17世纪中叶，为白宫内最大的宫殿。清政府驻藏大臣曾在这里为达赖喇嘛主持过坐床和亲政大典等仪式。

西大殿：红宫内最大的一座殿堂，面积680多平方米，是五世达赖喇嘛灵塔殿的享堂，西藏重大的宗教活动差不多都在这里进行。殿中高悬着乾隆皇帝所赐的"涌莲实地"匾额。在这座大殿里，还保存着康熙皇帝赏赐的大型锦绣幔帐一对。据说康熙皇帝为织造这对幔帐，曾专门建造作坊，费时一年才织成。这份贵重的礼物只有达赖喇嘛坐床和亲政大典时才隆重地悬挂出来。

法王禅定宫：在布达拉宫的最高处。建于7世纪，是布达拉宫内现存的两座早期建筑之一，是一座岩洞式的佛堂。

圣者佛殿：在曲吉卓布佛堂的楼上。原来是五世达赖喇嘛坐禅修法的地方。殿内还有8尊木雕佛，是用清代顺治皇帝赐给五世达赖喇嘛的檀香木雕成的。

三界兴盛殿：在布达拉宫的中心，是红宫内最高的一座宫殿，建于1679年。殿内藏有乾隆后期刻印的100多函满文甘珠尔经书。历代达赖喇嘛每逢藏历新年和皇帝生日，都要到这里向皇帝禄位和画像进行朝拜。

日光殿：在布达拉宫的白宫最高处。日光殿外有一个大平台，在这里可以远眺群山，俯视全城。

坛城殿：紧靠松朗杰殿，殿内有三个很大的铜制坛城。坛城是用来供奉密宗三个佛的。殿内还珍藏着雍正、乾隆两个皇帝御赐的藏、满文经书。

除了令人叹为观止的建筑艺术外，布达拉宫内所藏的各种奇珍异宝也颇令人瞩目。在这些珍宝中，最为人看重的是8座用纯金包裹的灵塔。灵塔为历世达赖喇嘛埋骨之地，不仅塔体用纯金包裹,而且里面有各种宝物,外壁也遍镶奇珍异宝,成为宫殿宝物之集大成者。如五世达赖喇嘛灵塔高14米有余,耗用黄金370多千克,镶嵌各类钻石珠宝2万多颗,其中最神奇的一颗是在大象脑内生成的珍珠,竟比常人的大拇指还要大些。另外还有很多宝石、琉璃等。而在专家学者的眼里,比这些有价值的珠宝更珍贵的是一些无价的宗教和历史文物。在五世达赖喇嘛的灵塔中,就埋藏着这样一些稀世珍宝:释迦牟尼的舍利、大拇指骨、松赞干布穿过的靴子、八思巴用过的碟子、五世达赖喇嘛的遗骸等。藏族人称此塔为"赞木林耶夏",意思是价值抵得上半个世界。而十三世达赖喇嘛灵塔则比其有过之而无不及,它耗用黄金590千克,镶珠宝10万余颗,灵塔殿中还有一座用20多万颗珍珠串成的珍珠塔。

布达拉宫内还藏有卷帙浩繁的经书,有用金水写的,有用银水写的,还有金银凸字,最珍贵的当数八宝七彩《丹珠尔》。"八宝七彩"是指用黄金、珍珠等八种珠宝做成的颜料写成,呈现七种颜色。《贝叶经》从印度传入,最早的有5000年的历史,布达拉宫藏有完整的100多函卷,而一些大寺庙和博物馆能藏有几片就足以自豪了。

世界音乐史上的奇迹

1978年在我国湖北随县的一座战国早期墓葬——曾侯乙墓中，出土了我国现存最大、保存最完整的一套大型编钟。这一考古发现轰动了全世界，被誉为世界音乐史上的奇迹。

钟在我国商朝时就已经诞生，后来，人们按钟的大小、音律、音高把钟编成组，制成编钟，演奏悠扬悦耳的乐曲。

曾侯乙编钟共64枚，其中钮钟19枚、甬钟45枚，另有楚惠王送给曾侯乙的一件。出土时，这套大型青铜乐器耸立

1978年在我国湖北省随县曾侯乙墓内发现了一套重达3500千克的编钟，是迄今出土规模最大的一套敲击乐器。

如故，共分8组3层悬挂在钟架上。钟架为铜木结构，木质架梁上满饰彩绘花纹，两端都套着浮雕或透雕的龙、鸟和花瓣形象的青铜套，起着装饰和加固作用。中、下层横梁分别用3个青铜佩剑武士的头和双手承顶，下层铜人立于大型雕花圆铜座上。曲尺形钟架全长为11.83米，高达2.73米，结构严谨，十分结实。

钟架上层悬挂着3组钮钟，主要是定调用的，或在演奏时补奏一两个乐音。钟架中层悬挂着3组甬钟，是这套编钟的主要部分，能配合起来演奏各种乐曲。钟架下层悬挂着两组角钟，体大壁厚，声音深沉洪亮，在演奏中起烘托气氛与和声的作用。它们的形体和重量是上层最小，中层次之，下层最大。最小的一件高20.2厘米，重2.4千克；最大的一件高153.4厘米，重203.6千克。这套编钟的总重量达3500千克，超过以往出土的任何编钟。演奏的工具是6根敲钟用的丁字形彩绘木槌和两根撞钟用的细长木棒。

编钟的每件钟体上都有错金篆体铭文，总计2800多字，内容都是关于音乐方面的记载。其中上层19枚钟上的铭文较少，只标着音名，中、下层45枚钟上不仅标着音名，还有较长的乐律铭文，详细地记载着该钟的律名、阶名和变化音名等。曾侯乙编钟音域宽广，人们通过测音发现，钟音音阶与现代C大调七声音阶同列，音域跨5个8度，声音洪亮，音色完美，能演奏旋律复杂的乐曲。音乐工作者参照当时的演奏方法进行试验，发现用该钟古今乐曲都能演奏。凡欣赏过用它演奏的音乐的人，无不惊叹叫绝。

这套编钟规模之宏大，铸造之精美，为世界音乐史和冶炼史上所罕见。

千年悬棺之谜

如果乘船走长江三峡，从白帝城下行2千米，就可看见长江北岸褐色石壁的岩缝里有一些类似风箱的东西，相传是鲁班使用过的风箱，人们便给这段峡谷取名为风箱峡。后经实地考察，所谓的风箱，原来是古人葬在上面的棺材，这种悬棺，在瞿塘峡两岸就有多处。在大宁河小三峡中的巴雾峡的绝壁上，也有许多悬棺。除长江三峡之外，在我国南方的许多地方也都发现了悬棺。

四川南部的珙县，是悬棺集中的地方，棺木的形状和现在一般的棺材类似，只是其葬法比较奇特：在笔直的绝壁上

> 1999年7月初在山西也发现了悬棺墓葬群。这并不使人感到奇怪，因为在悬崖上搞建筑，山西早已有之，恒山悬空寺就是一座名震中外的名刹古寺。

水平嵌入两根木棍，然后把棺廓放在木棍上，壁顶呈檐状，起着遮挡雨雪的作用。

麻塘坝悬棺是珙县悬棺的核心部分。麻塘坝东西宽300～500米，南北长约1000米，螃蟹溪从坝中川流而过，溪岸东西对峙着连绵起伏的山崖，悬棺就分布在山崖的绝壁上，现存223具，以木桩悬棺为主。置棺高度一般为20～60米，高者达100多米。绝壁上还有密如蜂眼的桩孔遗迹和红色彩绘岩画200多幅。岩画内容丰富，形象古朴生动。其余的悬棺墓葬遗迹也有类似的岩画。麻塘坝悬棺相对集中在棺材铺、狮子岩、九盏灯、大洞口、邓家岩、三仙洞、珍珠伞和老鹰岩等处。

在江西省贵溪县钱塘乡泸溪河两岸的悬崖上，也有上百具春秋时期的悬棺，它们高高地摆放在笔直而又陡峭的悬崖上。

处在人兽莫至的悬崖陡壁上的悬棺中到底隐藏着什么秘密呢？

在长江三峡的兵书宝剑峡也发现了千年悬棺,此悬棺系2000多年前战国时期的文物。其中有五项发现为我国考古史上所罕见:一是一棺两套、三棺重叠;二是在一处悬棺中同时发掘出数十件文物;三是悬棺棺木外漆彩绘纹装饰非常少见;四是悬棺棺木上有精美的雕刻;五是悬棺内发现完整布块。此外,在悬棺内还发现了青铜巴式矛、巴式戈、巴式柳叶剑、青铜刻刀、青铜凿子、青铜洗盘、花布衣带、布块、箭弓等数十件珍贵文物。

面对悬在高高峭壁上的棺木,令人感到不解的是,在那科学技术十分落后的古代,人们是怎样把沉重的棺材弄上去的呢?科学家们对此提出了各种各样的假说,比如提升说、垂降说、栈道说、脚手架说、搬运说、地貌变迁说等等。

为了揭开悬棺开谜,1988年,上海同济大学、江西省文物局和美国加州大学等机构的专家曾联手进行了一次现场演示。他们选定江西贵溪一处葬悬棺的地方,用仿制的古代绞车进行悬棺模拟吊装。先是四个人登上山顶,固定住绳索,然后有两个人随绳索垂下荡入悬崖上的岩洞里,另一个人则在河对岸指挥操作。之后,将一根粗实的绳子从山顶下垂到距岩洞口30米的地方,绳子上面有定向滑轮,再将另一根绳子穿过滑轮,一头捆住棺木,一头连着绞车。随着绞车的转动,棺木慢慢升向高处。当棺木升至30米高的岩洞前时,守在岩洞里的两个人便拉紧拴在粗绳子上的麻绳,慢慢将棺木引进岩洞里,稳稳当当地安放好。

这次试验虽然成功了,但很多人仍对此提出疑义,他们认为,古代人很难有如此先进的绞车;即便有绞车,但在那水深流急的江面上,如何安置绞车?这些问题,还没有人能够给予圆满的解答。

形形色色的"白痴学者"

学者，顾名思义，就是在学术上有一定成就的人。毫无疑问，他们的成功是以健全的智力和某种天赋为基础取得的。但是，世界上还有另外一些人，他们智力低下，生活基本不能自理，然而却在某些方面显示出非凡的能力和令人惊讶的本领。美国威斯康星州有一个名叫莱特斯利的青年，天生双目失明，且患有大脑神经麻痹症，有些呆傻。父母对他倾注了大量的心血和精力，但无法使他的病情好转。当莱特斯利长到10岁时，面部仍无表情，对周围的一切毫无反应。

在巴黎圣母院旁作画的侏儒画家，尽管生活不能自理，但却用自己的画笔向命运发出了挑战。

西班牙人菲利浦是位呆傻的画家，先天弱视，而且还是色盲，但他却画出了色彩斑斓的水粉风景画，令人感到不可思议。

直到16岁时，他才勉强在别人的搀扶下站起来，18岁时才知道哭泣，28岁那年勉强能够发音说话。就是这样一个生活上的废人，有一天半夜突然起身，坐到了钢琴前，双手熟练地按动琴键，弹奏起了柴可夫斯基的《第一钢琴协奏曲》。之后，他在音乐方面的天赋不断显露出来——能准确无误地弹奏《蓝色狂想曲》，还能模仿各种类型的歌唱家唱歌。几位闻讯而来的音乐教授听完莱特斯利的演奏后，对他娴熟的钢琴演奏技巧和优美动听的歌声赞赏不已，纷纷推荐他去音乐学院和音乐厅演出。结果，莱特斯利每到一处，演出都获得了空前的成功。

在法国也有一个双目失明、智力低下的人，叫路易斯特，因其精神错乱，自幼父母就抛弃了他。后来，路易斯特被一家孤儿院收养。在孤儿院中，老师发现路易斯特对数字有着异乎寻常的兴趣和不可思议的敏锐感觉，其计算能力之强，几乎可以与电子计算机媲美。有一次，路易斯特在全欧洲最负盛名的12位学者和科学家面前显露了自己的数学天才。当时，学者们出的题目是：有64个木箱，第一个木箱中放入

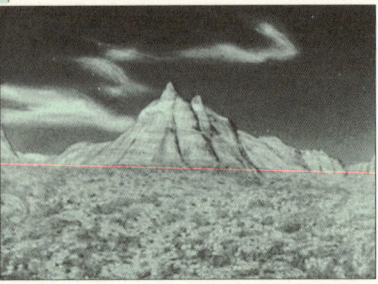

1952年出生的瓦洛住在苏格兰，是位自闭症患者。3岁即表现出非凡的绘画天分，17岁举行了他的第一个绘图展览。伦敦的一位艺术教授看了他童年的蜡笔画作后，称那些画是了不起的珍品，具有"工匠之精巧，诗人之想象"。

一粒小麦,如果在后面的每一个木箱中都放入2倍于前一木箱的小麦,到了最后一个木箱应有多少粒小麦?答案是1844673409551616粒。这样一个庞大的数字,路易斯特只用了30秒钟就算了出来。

我国也曾发现过一位独具表演天赋的白痴青年。锣、鼓、钹他样样都摆弄得十分娴熟,提袍、甩袖、吹胡子、晃帽翅,更是表演得惟妙惟肖。他不仅模仿流行歌曲足以乱真,而且还会口技。就是这样一位表演天才,经有关专家鉴定,其智商仅有44,明显属于智力低下者。

长期以来,人类虽然在社会生活的各个领域都取得了巨大的进步,科学技术突飞猛进,但对于人类自身的一些不解之谜仍然无法做出合理的解释,"白痴学者"之谜就是其中之一。他们这种奇特的单方面能力是如何形成的呢?人们期待着答案。

呆傻失明的美国青年莱特斯利在生活中几乎是个废人,但他却是一个天才的钢琴演奏家。

最著名的"白痴学者",是美国盐湖城的一位名叫金·皮克的自闭症患者。他在历史、文学、地理、体育、音乐等15个不同领域,都有超凡的天赋。据报道,皮克有过目不忘的本领,他甚至能将一本电话号码簿上的名字和电话号码一字不差地记住。他是电影《雨人》主人公的原型。

身上带磁力的人

磁力是自然界中存在的一种极为普遍的物理现象。可是，若是说某个人身上带有很强的磁力，那实在令人感到惊奇。

俄罗斯伏尔加格勒的矿工尤里·卡尔尼斯就是这样一个让人感到不可思议的人。由于他身上带有很强的磁力，矿上

南非15岁的小祖路卡是个牧羊童，有一天，他在野外遭到雷击，结果毫发未损，但身上却从此带上了强烈的生物电，他同任何一种金属物体接触都会碰撞出电火花。

俄罗斯伏尔加格勒的矿工尤里·卡尔尼斯，由于身上带有磁力，生活极为不便，因此非常苦恼。

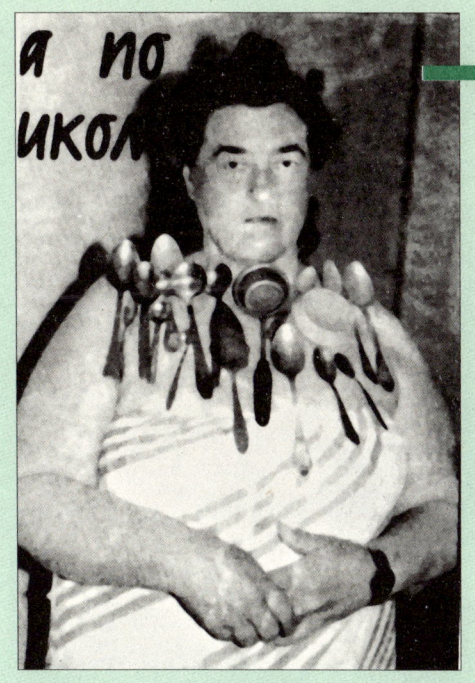

俄罗斯新彼得戈夫市有个地地道道的"磁性人",叫尼娜·科尔尼洛娃,她能轻而易举地将全套金属餐具吸附在双肩和胸部。这张照片是1997年8月21日尼娜为俄罗斯《特异报》记者进行现场表演时拍下的。

的人感到很担忧,害怕尤里·卡尔尼斯身上强大的磁力会引起矿井的坍塌,所以不得不强迫这位身强力壮的矿工离开矿山。

尤里·卡尔尼斯自己回忆说:"我身上的磁力并不是与生俱来的,而是几年前才发现的。起初,这种磁力很弱,只有当我拿东西时,才感到这些金属物体像是粘在我手上似的。但到后来,这种情况越来越严重,我似乎很难扯下那些粘在我身上的东西。我还曾好几次被飞过来的铁制品打中。有一次,一把小刀甚至从厨房飞出来,戳在我的身上。"

尤里·卡尔尼斯被迫退休后十分苦恼,身上的磁力让他烦恼不已,于是到处求医问药。据曾为他看过病的罗曼斯基医生说:"我从来没有见过患有这种病的人。尤里·卡尔尼斯的身体很好,没有其他的病症。尽管我们对他做了很多次检查,但是却找不出他患病的原因。最大的可能就是由于尤里·卡尔尼斯常年在具有高磁力的铁矿上工作,从而使他染上了

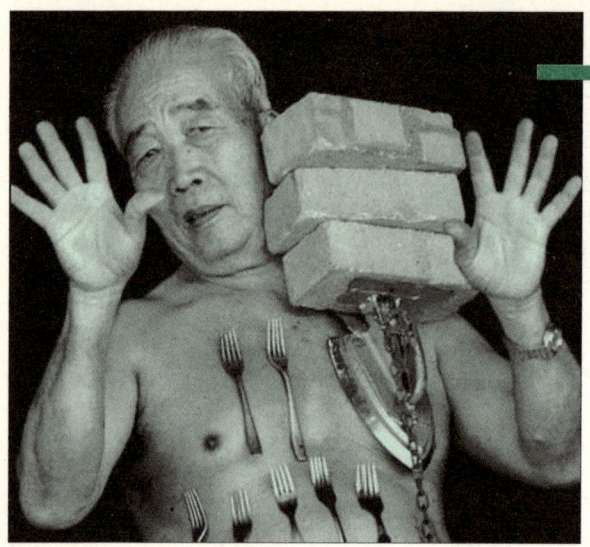

马来西亚有一位家喻户晓的"磁人",名叫刘东林(音译),他能够将重达30千克的金属物品牢牢地吸在自己的前胸上。

这种'病'。"但是在那个铁矿上与尤里·卡尔尼斯一起工作的矿工大有人在,为什么他们没有染上这种奇怪的"磁力病"呢?

现在,尤里·卡尔尼斯不仅离开了矿山,而且还必须老老实实地"隐居"在家里,这样才能保证自己的安全,一旦他走出家门,天知道会有什么东西给他带来"奇祸"。尤里·卡尔尼斯现在苦恼极了,他盼望着能有一个妙手回春的医生为他治好这个病。

"电人"传奇

人体带有微量的生物电能,这已在科学测试中得到证实。有些人在日常生活中,偶然接触到导电物质时,身体会有发麻的感觉,这是由于人体生物电放电或者产生静电感应的缘故。但是,也有个别人,其身体产生的电能远远超出了微弱生物电的范畴,而摩擦产生的静电又远远没有如此高的能量。据美国报纸《Diary Mirror》1967年3月23日的一篇报道称,一位名叫布莱安·库列门的人身上带有极强的电能,可以将与其接触的人击倒灼伤。因此,在与人接触之前,他必须先接触金属家具,将身上的电能放光,才能平安无事。

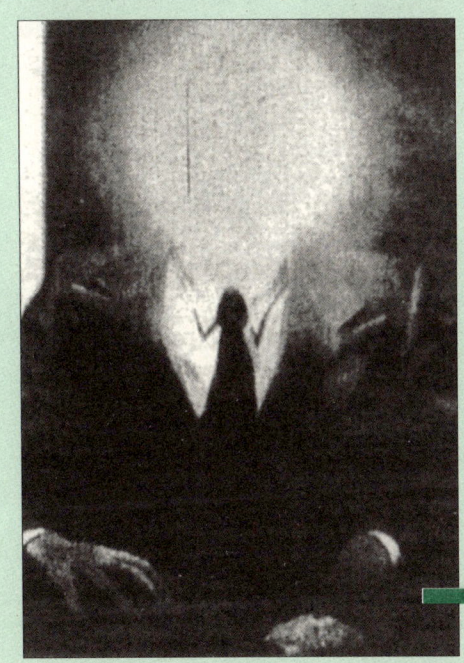

照片上的这个人是一个名叫利克·帕斯哈雷特的智利人,他头顶上总有一个耀眼的光环。不过,很多人认为这张照片是伪造的。

这是魔术师正在进行"人体能量"点亮灯管的表演。

以色列人埃尔脱光了上衣，表演火柴自燃点烟，这难道是魔术吗？

　　同年的3月19日，另一家美国报纸《Sunday Express》也介绍了一名叫葛莱丝·查理士华丝的妇女，她的病症与布莱安相同，一旦开始放电，火花即到处飞溅，因此生活一直不如意。这些例子中的人物最初并没有感觉到自己有任何异常，直到某一天，他们突然受到自己身体放电现象的惊吓，才知道自己异乎常人。

　　这类"电人"放电的特殊现象，早在18世纪就已有了记载，那时候这种现象并不能得到科学的解释，因此他们被认为是"异人"。

　　一般来说，在动物神经系统中，产生电流的可能性极小。在动物中只有电鳗体内有类似发电机的生理装置，它发出的生物电电压可以达到600伏特。不过，一般人的体内，并没有类似电鳗的生理构造。那么，与电鳗一样能产生高压电的"电人"是如何产生出"电"的呢？1920年，美国纽约州立监狱的主治医师——裘利亚斯·朗沙姆博士对此进行了研究。他认为电鳗的健康状况会受其身上的电流影响，同样，如果让人的健康状况发生"意图性变化"（新陈代谢及生理机能的急剧异变），即可产生电能。朗沙姆博士在34名囚犯身上实验了腊肠病毒（当时还没有禁止做人体实验的"国际公约"）。这是一种能导致食物中毒的病毒，可以引起人的神经系统障碍。实验的结果证明了他的假设成立：一个处在恢复期的患者，欲将废纸揉成一团丢入垃圾桶，那团废纸却粘在他手上不掉下来，经检查发现这名患者的体内产生了过多的静电。朗沙姆博士立刻又检查其他患者，发现全体患者身上均带有过量的静电。这些患者往往不经意就弄坏了罗盘，还能让墙上的金属摆锤配合自己的手进行摆动。当这些患者身体痊愈、生理机能恢复正常时，这些现象就不再发生了。

这个实验表明，和人的生理机能有着密切关系的自然环境，可以促进人体机能的变异，也就是说，在一切条件充分配合的情况下，正常人也可能变成"电人"。

活吞毒蛇的奇人

阿拉伯老人拉里是个著名的捕蛇者,据说他能够抵御一般毒蛇的侵咬而不会中毒。

提起毒蛇,很多人都会感到异常恐惧。可是有人竟胆大包天,敢把活生生的剧毒蛇吞到肚子里面。

广西桂林有一个叫李韦心的捕蛇能手,能活吞毒蛇,亲眼看到的人没有不胆战心惊的。

李韦心的父亲李永芳,也是当地有名的捕蛇能手。有一天,他有事出门,年仅7岁的李韦心看着周围一笼笼的毒蛇,觉得挺好玩儿,便在笼外逗弄毒蛇,惹得它们昂头吐舌。之后，他又顺手从铁笼里抓起一条眼镜蛇来，放在手里玩。玩着玩着，他竟然把这条毒蛇放进嘴里，将其活生生地吞下肚去。毒蛇吞到肚子里后，李韦心不仅安然无事，而且感到全身很舒服。

从此以后，他就经常生吞毒蛇，至今他已生吞下600多条毒蛇。后来，他成为桂林一家蛇艺队的主要演员。除了生吞毒蛇外，他还敢让一条手指般粗的毒蛇从自己张开的口中爬出来，令观众惊叹不已。

医生对李韦心的血液进行化验，没有发现有什么异常。但医生们惊讶地发现，他的胃要比正常人的胃大三分之一。他不能喝糖水，因为只要喝下一小口就会呕吐不止；他也不能吃鸡肉，因为一吃鸡肉就胃痛难忍。如果有一段时间不生吞毒蛇，他就会感到浑身无力，神志恍惚，接着就会生病；如果吃了无毒蛇，也会感到胃胀得不舒服。

山西榆次有一个农民叫孙庆顺，也是个吃蛇成癖的人。

孙庆顺吃蛇的时候，先将蛇身拉直，用牙咬开蛇腹，吸

印度街头的玩蛇者。

干蛇血，然后才生吃蛇肉。说来也怪，无论多么凶的蛇，一见到孙庆顺便立即缩成一团，任由他摆布。

1988年7月16日，在邻村的庙会上，突然蹿出一条近2米长的大毒蛇。它昂头瞪眼，吐着毒芯，吓得人们四处逃窜。孙庆顺赶到后，立即迎上前去，嘴里大喝一声："呔！"然后用手指着凶狠的毒蛇。奇怪，那条蛇见到他后，竟像耗子见了猫一样，两眼发呆，藏头缩尾。孙庆顺从从容容走上前去，两手一抓把它缠在了自己的脖子上。

孙庆顺除了生吃活蛇外，还喜欢生吃活蝎子。有人曾将活蝎子偷偷放进他的被窝里，毒蝎不但不敢蜇他，反倒成了他的美食。多年来，他已经先后吃掉了800多条毒蛇，这些蛇长的达2米，短的也在30厘米以上。

现在，孙庆顺已有70多岁，但身体强健，耳聪目明，精神旺盛。对于他这种奇特的癖好，人们都感到不可理解，然而又道不明其中的缘由。

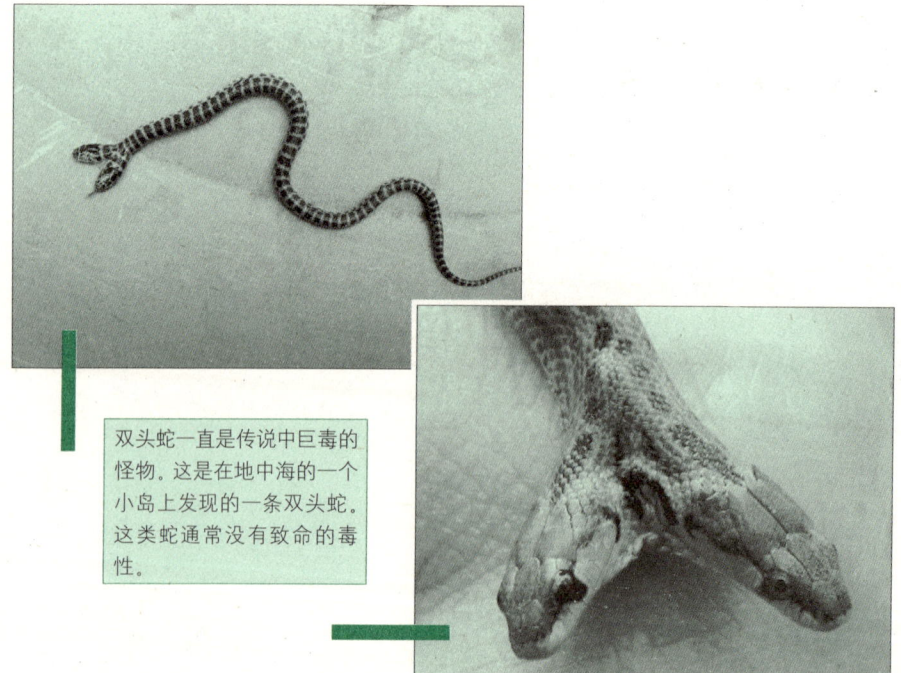

双头蛇一直是传说中巨毒的怪物。这是在地中海的一个小岛上发现的一条双头蛇。这类蛇通常没有致命的毒性。

火中行走之谜

在希腊北部有一个叫莱克达思的城镇,这里的人每年都要举行一种宗教仪式——"火中行走",场面颇为壮观,吸引了众多的游客。

看过这一壮观场面的科学家们十分惊奇地发现:参加"火中行走"的那些人的脚,居然一点也没有被火烧伤。

在世界各地,"火中行走"大致有两种形式,一种形式是

魔术师表演手掌起火的"绝技",这同生物学绝无关系。

这是现场拍摄的一张照片。瑜伽修炼者正从熊熊的大火中走过。有谁能够解释这种现象呢?

人们在烧热的石头或其他物体上行走，这种形式主要盛行于波利尼西亚群岛一带；另一种形式是人们在燃烧着的木炭上行走，在希腊、西班牙、保加利亚、日本、印度、斯里兰卡等地，一般都采用这种形式。但是在不同的国度和民族中，"火中行走"具有不同的特点。

　　曾经有不少人对这种行为做出过各种解释，但是，至今没有一种解释是能够完全站得住脚的。为什么人光着两脚在燃烧着的木炭上行走却没有被烧伤？有人解释说，这关键在于行走的速度，只要速度足够快，脚就不会被烧伤。可事实上人们看见的是，行走者步子缓慢，有时还要在途中停一会儿。另一种解释认为，由于行走者平时就习惯于赤脚，这样一来双脚变得非常粗糙坚硬，因而不易受伤。这种说法在某些场合是有道理的，但是它不能解释在马其顿所发生的情况——在那里参加"火中行走"的人的双脚像平常人的双脚一

在一年一度的"火中行走"节上，一名印度教徒在神庙前表演在烧红的煤炭上行走的绝技。

样柔软。还有一种说法是,厚厚的火灰保护了那些人裸露的双脚。可是在印度马德拉邦,在"火中行走"的整个过程中,火灰不断地被人们用树叶扇起的风吹走,"火灰护脚"根本无从谈起。另外一种说法认为,那些"火中行走"的人当时处于一种迷幻和催眠状态,因而他们没有了疼痛的感觉。还有人认为,那些"火中行走"的人的脚之所以没有被烧伤,原因在于他们的脚踩在火炭上的方式比较特别——其原理在某种程度上类似于用手指掐灭蜡烛,换句话说,如果落脚踩实,脚下的火焰就会立刻被踩灭,而当脚两边的火再烧起来时,那只脚已经不在原来的地方了,因此,每走一步,都会踩灭一小处火焰。然而这种解释好像也不能使人信服,并且不能解释这样一个事实:那些人手上拿着的花没有因高温而枯萎,他们的衣服也没有被烧破。

"火中行走"至今仍是一个人们无法解释的神秘现象。

这是一组印度瑜伽修炼者习练瑜伽的照片,其动作千奇百怪。

怪异的"鸵鸟人"

正常人每只脚上都有五个足趾,可世界上竟有一个极为奇特的种族,这个种族的人每只脚上只有两个足趾,它就是分布在津巴布韦和莫桑比克两国的鸵鸟族。

鸵鸟族的人口不多,他们在非洲荒原上过着简单的游牧生活。由于长期过着与外界完全隔绝的生活,自古以来外人一直对他们一无所知,欧洲一些殖民主义者甚至错误地把他们说成是"尚未认识的一种奇特的野生动物"。直到二十几年前,一个西方记者深入密林中探险,才偶然发现了这个与世隔绝的种族。

这是英国科学家1998年10月17日考察非洲时,在津巴布韦的哈特里小镇拍下的两个"鸵鸟人"的照片。"鸵鸟人"长着两只偶蹄鸵鸟掌形状的脚。医学上把这种发育异常缺陷称作螯类综合症。目前科学家们尚无法解释出现此缺陷的原因。

在21世纪来临之际，"鸵鸟人"的生活发生了极大的变化，他们穿上了鞋子。

"鸵鸟族"这个名称是他们自己取的，因为他们认为自己的足趾有些像鸵鸟的脚。他们认为自己的两个足趾很正常，很美观。他们中不少人的手也跟一般人的不同，有些人左手有六七个手指，而右手仅有两三个手指，手指指缝间都有皮肉连成的蹼。部落中有一个年过六旬的马利斯老人，他在接受记者采访时说："在我小的时候，一点也不觉得我的脚有什么特别的地方，因为我母亲的脚就只有两个趾头。"这位马利斯老人有五个子女，其中三个继承了他的"鸵鸟足"，另外两个则正常（有五个趾头）。他21岁的儿子本巴就有一双"鸵鸟足"，本巴满意地说："我不需要五个足趾，像目前这样已经很好了。"所有的"鸵鸟人"都过着和正常人一样的生活，也能迅速走、跑、跳，并能走很远的路。

关于"鸵鸟人"的起源,还有一个古老的传说:在非常遥远的古代,有一位妇女生下了一个脚上只有两个趾头的孩子,全部落人都把这孩子视为怪物,一致主张把这孩子杀掉。不久,这个妇女又生下第二个长着"鸵鸟足"的孩子,族人才认为这是天神的旨意,不能违抗,于是让他长大成人,生儿育女,繁衍后代。从那时起,越来越多的两足趾婴儿诞生,"鸵鸟足"也变成他们整个部落的一种特征。从这一传说可以看出,"鸵鸟足"现象历史悠久,是这个部落祖祖辈辈传下来的。

"鸵鸟足"究竟是怎样形成的?对此专家们看法不一,目前还难以做出定论。人类在漫长的进化过程中,身体各部位进化有先有后,先由脚开始,最后是头部。南非的解剖学教授托比亚斯认为,"鸵鸟足"可能是由于遗传基因的突变造成的——这个部落自古至今一直实行十分严格的本族内通婚制,只准近亲通婚,绝对不允许和外族人通婚,相近的血缘关系逐渐影响到全族人的遗传基因,使之发生了突变。

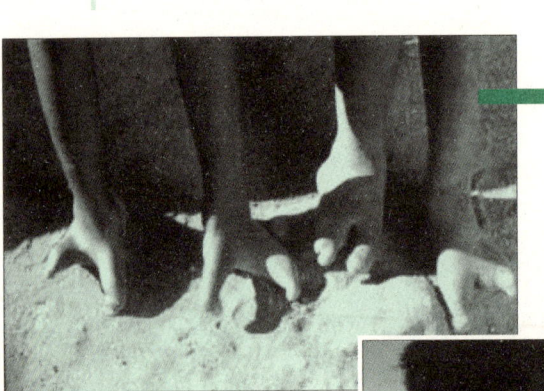

"鸵鸟人"在展示他们奇异的脚。

奇特饮食之谜

人们一般都食用五谷杂粮、蔬菜和肉类，以此来维持生命。科学实验表明，一个健康的人，如果不吃不喝，男人最多能活5天，女人最多能活7天。可让人感到奇怪的是，世界上竟然有一些与一般人饮食习惯大相径庭的人，他们常吃一些稀奇古怪的东西。

在非洲的摩洛哥，有一位神奇的艺人名叫阿迪·阿巴德拉，其绝活是吞吃玻璃，经常在各大饭店的舞台上演出。当

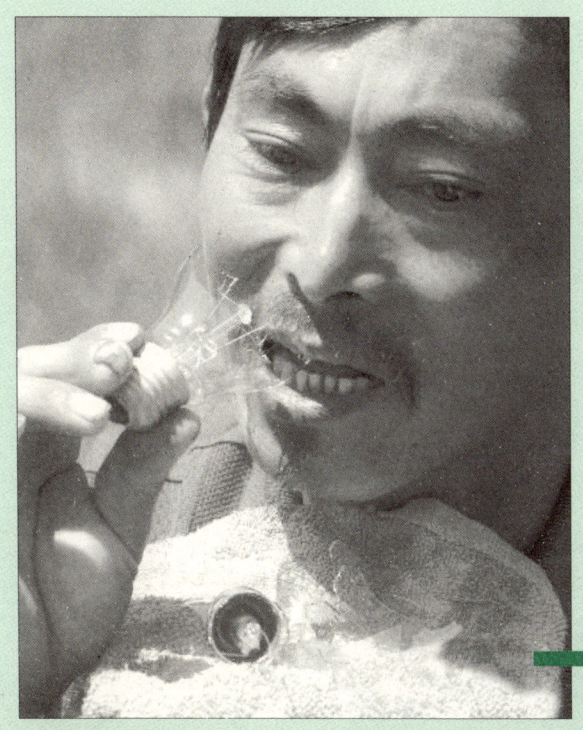

王公富是连云港青龙山公墓的一名管理员，在20多年前吃下第一只玻璃酒杯，以后每隔几天就吃一次玻璃。目前，王公富身体健康，并无异常。

客人们看到他咔嚓咔嚓咀嚼玻璃时，都吃惊得瞪大了眼睛。可对于阿迪来说，咀嚼玻璃就像吃苹果一样令他感到愉快。因此，人们给他起了一个形象的绰号——"嘴里长钻石牙齿的人"。

据了解阿迪的人说，他的这种能力并不是与生俱来的，在他14岁以前还没有这种能力。14岁那年的一天半夜，他从睡梦中醒来，产生了一种强烈的想咀嚼硬物的欲望，于是便抓起床头的玻璃碎片咬了起来。阿迪回忆当时的情景说："当时我正处于半睡半醒状态，出乎意料的是，我竟咬碎了玻璃杯，而且还将咬下来的玻璃碎片咽下肚去。"打那以后，阿迪便以咀嚼玻璃杯为乐，平时平均每天要吃3个左右。摩洛哥的一个医学中心的医生对这个奇怪的人进行了身体检查，但从所拍的X光片上看不出他的胃、肠等器官有任何被玻璃划过的痕迹，也找不到玻璃碎片。医生们不解地说，这是医学常识所无法解释的。

美国有个"铁齿钢胃"的怪人叫米舍尔·洛基托，他最爱吃的美味佳肴是金属制品。这张照片是他为一家废旧金属回收公司做广告而专门拍摄的。

世界上还有比吃玻璃更神奇的事。据美国《科学文摘》报道，在巴西有一个名叫伊西雅斯的15岁男孩，他不但能吃汽水瓶，而且还能吃锋利的刀片、乒乓球等。他吃了这些东西之后，胃没有受到任何损伤。

与上述这些什么都吃的人相反，还有一些不吃东西的人。刚果有一个名叫毕萨莱·罗缪阿勒的小学生，他从出生以来，除了喝牛奶和少许其他饮料之外，从来不吃任何食物。父母强迫他改变这种只饮不食的习惯，但没有成功。经医生检查，罗缪阿勒发育正常，身高、体重和智力等都与同龄儿童没有什么差别。

我国湖北省麻城县熊家浦区有个名叫熊在定的姑娘，到目前为止，已经有20多年没有吃任何东西了，创造了人类历史上的奇迹。那是在1978年3月5日下午，正在读初中二年级的熊在定突然患了一种怪病：开始时就跟感冒一样，高烧不止，一直持续了一个星期。接着是喉咙痛，什么东西也吃不下。经过医生的精心治疗，她的病痊愈了，可从那以后，她就再也不吃东西了，只靠不定期注射葡萄糖来维持生命。由于她不进饮食，曾一度四肢无力，全身疼痛，虽然小便正常，但没大便过一次。尽管生活习惯发生了这样大的变化，但并没有影响她的身体发育，她的个头继续往上长，而且面色红润，头发浓黑，记忆力也正常。有关专家曾对她进行了4个月的观察，没有发现什么异常情况。

以上这些奇特的饮食现象，让医学家们大惑不解，到底是什么原因导致这些人产生了这些反常行为呢？

感觉不到疼痛的人

痛感是皮肤感觉的一种,当皮下游离神经末梢受到刺激时,产生兴奋,传入大脑皮层,就会引起痛感。人的中枢神经系统的许多组织都和痛感有关。大脑皮层对痛感可起到调节作用。当刺激达到一定程度时,往往伴有疼痛反应,如局部肌肉收缩、呼吸暂停或加快、出汗等。

可是,你是否知道世界上还有生来就没有痛感的人?据统计,目前世界上已发现了几十个无痛感的人。

英国伦敦的阿卜与姬丝夫妇有一子二女,这三个孩子一生下来就患了罕见的无药可医的神经疾病——没有痛感。儿子保罗,在6个月大的时候就已表现出与其他婴儿的不同来,

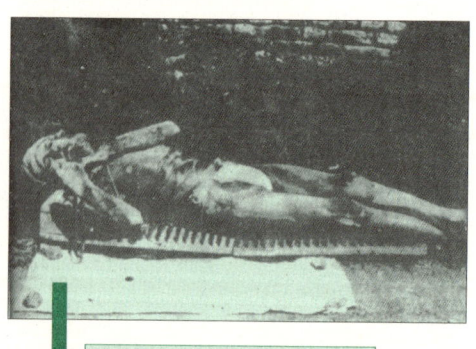

非洲祖鲁武士佩戴这种穿鼻饰物时需要极强的忍耐力,因为鼻子上的神经末梢相当丰富。

睡钉板的印度瑜伽练习者,他们难道真的不知道疼吗?

父亲踩了他的腿,他一点儿也不知道痛,好像没有受到压力。长到10个月时,他的下腹出现了一个红色肿块,医生说这是尿路感染的典型症状,可是他从来不叫痛。为他治疗时,10多只针插入他的手、脚和头部的敏感部位,可他仍在笑。

保罗的两个妹妹也都没有痛感,这使他们的父母十分担心,害怕他们玩耍时跌伤、烫伤,因为孩子没有痛感就会对危险失去警惕,很容易发生意外。

在加拿大有个女医生,她生来也没有痛感。不仅划破了皮肤她不知疼,就是电击、针刺等,她也一点不觉得痛苦。

对以上现象应作何解释呢?有人认为,这些人没有痛觉神经;还有人认为,这些人可以像针刺麻醉那样关闭自己的痛觉反应。可是这种现象的生理机制是什么,却至今没有一个完满的解释。

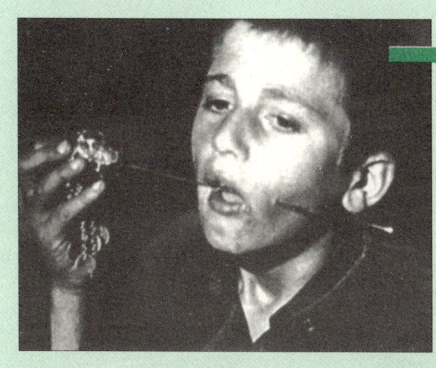

这位无痛感的少年在铁条穿腮而过时,毫不在意。

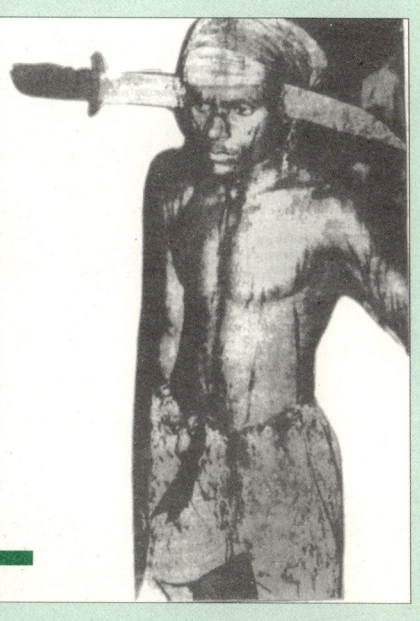

在斯里兰卡首都科伦坡街头,常常有人为这样一个场面而震惊:一个叫拉姆·辛格的大名鼎鼎的当地人,带着一把穿透头颅的大马刀,在街上泰然自若地行走着。对此很多人并不以为然,认为这不过是一种魔术而已。

人与动物的奇特"交谈"

在巴西普拉塔波利斯，有一个有"蜜蜂神童"之称的青年，名叫弗朗西斯科·维森特·杜阿尔特。他是一个农民的儿子，家里除了父母之外，还有9个兄弟。他在自家的院子里建立了一个小养殖场，里面养着蜜蜂、毒蛇、蜘蛛、蜥蜴等动物。他的性格十分内向，性情也格外孤僻。他从很小的时候起，就开始和动物们对话。他觉得和动物们在一起，要比和人在一起愉快得多。

当有人遭到蜜蜂袭击时，只要把杜阿尔特叫来，让他与

这只巴西的金刚鹦鹉正在同主人"谈话"。

一对开心的老朋友。

潜水员同章鱼在海洋中玩耍,他们之间的交流靠的是形体动作,而不是语言。

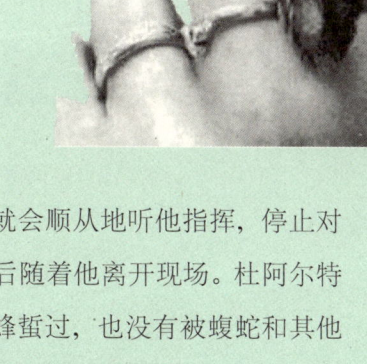

在德国的一个动物园里,一只才出生10天的狨猴坐在饲养员的手指上。在未来的岁月中,他们将建立起深厚的友谊。

这些蜜蜂"交谈"片刻,蜜蜂就会顺从地听他指挥,停止对人的攻击,落到他的身上,然后随着他离开现场。杜阿尔特自豪地说:"我从来没有被蜜蜂蜇过,也没有被蝮蛇和其他动物咬过。他们都听从我的命令,任我摆布。"

在杜阿尔特的养殖场里,蜜蜂们在他的身上爬来爬去,蝮蛇伸着舌芯子舔他的眼睛,毒蜘蛛在他身上四处乱爬。当

这位艺人靠驯兽表演为生，人与动物之间建立了深厚的感情。

在澳大利亚悉尼的塔朗加动物园内，一名小游客坐在两只海豹之间。在这个动物园里，经过训练的海豹可以随意走动，以增进人与动物之间的相互了解。

全身爬满5万余只蜜蜂的男子。

他命令蝮蛇张开嘴时，它们会立刻张开大嘴；当他命令蜜蜂从肩膀上飞到脸上时，蜜蜂也会乖乖听从……

有一次，一个马戏团来村里表演。一天上午，驯兽员突然发现杜阿尔特待在狮笼里和狮子嬉戏，吓得几乎晕了过去。可是杜阿尔特只是微微一笑，坦然自若地说："没事的。"

生物学家阿尔瓦罗·费尔南德斯认为："这位'神童'与动物有某些直觉的、完善的沟通方式。不过，对这一点，我们还不能做出解释。"

像杜阿尔特这样与动物有着良好的沟通方式的人，在世界各地还有很多。在德国，57岁的维尔纳·弗罗伊德与5窝共32只野狼结伴为伍，对野狼招之即来，挥之即去。他以其在狼群里生活了10年的传奇经历，在德国几乎家喻户晓。

在俄罗斯，有一位猎人名叫里莫，他不但能听懂"狼语"，而且还会说"狼语"。一年冬天，他和两个伙伴外出打猎，在旷野中，不幸被一群饿狼围住了。那群饿狼龇牙咧嘴，眼露凶光，正要扑上来吃掉他们，只见里莫不慌不忙地对他们"嗥"了几声，狼群居然散去。此外，里莫还懂"虎语"、"鹿语"、"熊语"等。后来，他还办了个"兽语学习班"，向青年猎人传授"兽语"。

以上这些现象该怎么解释呢？

令人称奇的无指纹人

我们每个人手指头肚儿的皮肤上，都有凹凸不平的纹理，这就是指纹。每个人的指纹都是有区别的，也就是说，世界上找不出两个指纹完全一样的人。

由于皮肤上的纹路和人的生理状态有密切关系，所以对指纹、掌纹、唇纹、足底纹的研究，已成为一门独立的学科，被广泛地应用于遗传学、法医学、人种学、民族学等领域，比如人们所熟悉的利用指纹破案、诊断疾病以及对"指纹密码"的应用等。

美国纽约的卡罗琳是个无指纹的妇女，她的女儿也无指纹。

卡罗琳的弟弟也无指纹，而卡罗琳的父母同正常人一样都有指纹。谁能解释这种特殊的遗传现象呢？

然而，你也许还不知道，世界上还有一些没有指纹的人。据美国刑侦部门提供的资料，当今世界上已发现了20多个没有指纹的人。其中有15个是日本人，5个是美国人。有趣的是，5个美国人恰好是一家人，他们住在卡塞奈维尔市，全家人的手指皮肤都是光光的，上面一丝纹路都没有。

前几年，在我国台湾省也发现了一个罕见的无指纹家族。

这个黄姓无指纹家族原居宜兰市，两年前才迁居板桥市，现在三代同堂。父亲黄灯灶、儿子黄振添、女儿黄素丽及黄振添的子女黄中保、黄雪娟，全都没有指纹。

那么，黄家的人是从什么时候开始没有指纹的？黄灯灶说，据他所知，他已故的祖母郑悦娘就无指纹，他的父亲也没有指纹；更早的先辈是否有指纹，他就不知道了。

这个家族成员的十指都有一个共同特征——平滑无纹，

一个7000年前的制陶人拇指的立体指纹,科学家通过它,也许会发现许多历史秘密。

但右手大拇指掌心面中间,有3条平行的长约1厘米的"指纹"。

生理学家认为,指纹有3个用处,一是它构成粗糙的皮面,易于抓拿东西;二是它构成皮肤组织,可以增强对神经末梢的刺激,使触觉更敏锐;三是利于排汗。但黄家人说,他们虽没有指纹,但抓拿东西仍然十分方便,触觉和常人一样敏锐,排汗也很正常。

英国生理学家嘉昆认为,手指纹的畸形,可能是某种身体疾病的反映。但从已发现的无指纹人来看,他们都不存在什么健康问题,身体状况都很正常。

看来,要想揭开无指纹人的秘密,科学家们尚须作艰苦的努力。

奴巴族的刺青

苏丹克鲁多乎昂的东南方，散布着三个分别叫卡乌、富葛鲁和尼亚洛的小村落，其总人口只有3000人左右，统称为"奴巴族"。他们的风俗习惯非常独特而奇异。比如，他们都很喜欢在身体及脸上刺青。刺青对奴巴族人而言，不只是为了美观，他们认为在眼睛上方有伤痕，可以增强视力，如果额头两边也有伤痕的话，可以预防头痛。

奴巴族的妇女在成长过程中，必须刺青三次。第一次刺青，是在11岁左右。首先在切开的皮肤上涂上油，用手指仔细地描上线，然后用蔷薇树刺挑起皮肤，接着用刀子来细加

刺青分为若干种，此类凸起的花纹，是刺破皮肤造成化脓结疤后特意留下的。非洲奴巴族妇女以此为美，付出的代价不可谓不高。

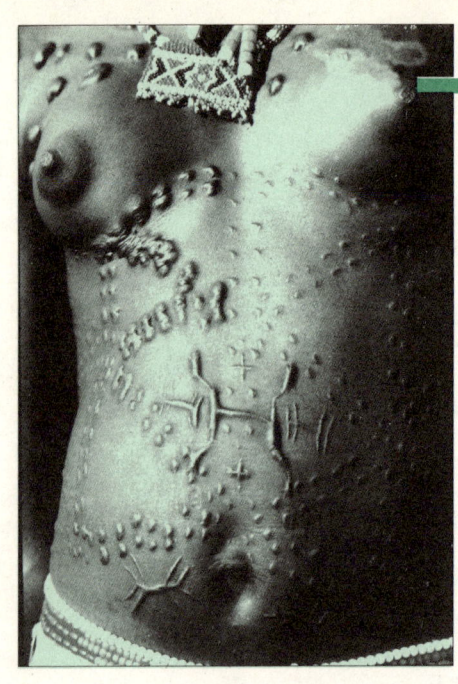

奴巴族妇女的刺青以伤痕最为明显者为美。

雕刻，最后擦掉鲜血，在伤口上敷上树叶。第一次刺青可以在村落中大树的树荫下进行。但第二次刺青及第三次刺青必须避人眼目，到现场观看的人，只限于接受刺青的人的亲戚。第二次刺青是在女孩月经初潮之后。刺青师傅边刺边往伤口上涂抹油以及一种可以减轻疼痛、防止发炎并能使伤口成立体状凸起的粉末。对奴巴族人而言，立体状的刺青，是非常美丽的。

最后一次刺青，是在妇女生完第一胎孩子断奶以后。这次刺青是最为疼痛的，时间也最长，需要两天左右，给刺青师傅的报酬也是最多的一次。其谢礼包括油、谷物、鸡和山羊等。刺青的费用一般由丈夫支付，但如果丈夫没有能力支付的话，则由妻子的亲戚代为支付。

在刺青的过程中，即使接受刺青的女人感到非常痛苦，也绝不能露出痛苦的表情。只要能够忍受住痛苦，完成三次刺青，族中的男人们便会给予其极高的评价，他们认为这种女人是最有魅力的。

"生物雷达"象吻鱼

在非洲，人们常常会见到一种外貌非常奇特的鱼：尖尖的长吻向下弯曲，比身体还要长，就像大象的鼻子一样。根据这一身体特征，人们给它起了个有趣的名字——象吻鱼。象吻鱼在非洲分布很广，除撒哈拉沙漠和南部非洲以外，几乎所有的河流、湖泊中都很容易见到它的踪影。

除了外形奇特以外，象吻鱼还拥有一套罕见而独特的"生物雷达系统"。这种"生物雷达系统"的工作原理和人们平时见到的电子雷达有相同之处，但又有所不同。作为一种动物，它无法发出电磁波，而是利用尾部皮肤内的"电脉冲发生器"连续发出电压2伏、频率为300次/秒的电脉冲。这

象吻鱼靠生物电来确定方向，它在自己身体周围形成一个电场，用来辨认周围的环境。它的这种"第六感觉"中所蕴含的科学原理还不为人所知。

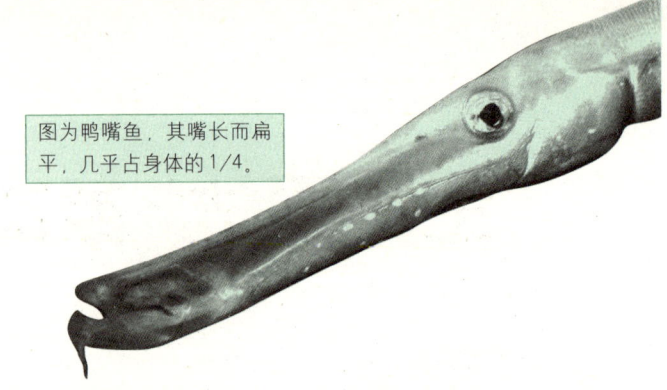

图为鸭嘴鱼,其嘴长而扁平,几乎占身体的1/4。

样一来,就会在它周围形成一个稳定的电场。所谓"电脉冲发生器",其实是一个名叫莫尔米罗马斯特的梭形器官,位于尾部脊椎两旁,发出的电力线在其头部汇合。游动时象吻鱼身体始终保持平直状态,这是为了避免破坏其周围的电场,如果有不速之客出现在附近,象吻鱼身体周围的电场就会受到干扰,电力线立即偏向对方,高灵敏度的"电感器"马上发出警报。

象吻鱼还能利用自己的"生物雷达系统"及时探测到障碍物。由于这些障碍物导电性能大都很差,所以对电力线有天然的斥力。象吻鱼的"生物雷达系统"能很快识别出各种物体的外形、大小、重量、颜色、气味,甚至导电性能。一位欧洲生物学家曾经做过这样一个实验:在两个同样大小的圆形容器中,一个盛满河水,一个灌满蒸馏水,象吻鱼能非

这是一条被捕获的放电鱼。

裸臀鱼。

各种长颌鱼的嘴部比较图。

常准确地利用它那独特的"生物雷达系统"对其作出判断。

和许多生物一样,象吻鱼的"生物雷达系统"也是自然进化的杰出产物。它们生活的非洲天气炎热,河流和湖泊中的有机物极易变质,加之象吻鱼通常在夜间沉在水底觅食,很容易将淤泥搅起,将河水搅浑。如果没有"生物雷达系统",象吻鱼要在黑暗的环境中寻找食物、躲避敌害,简直比登天还难。

象吻鱼还有一个近亲,叫裸臀鱼。它的"生物雷达系统"甚至比象吻鱼更为先进,能感觉到310微安大小的电流变化,能准确识别藏有鱼钩的鱼饵和普通的小鱼。看来,对于这种掌握了"高新技术"的鱼,渔夫们只能望"鱼"兴叹了。

奇特的白色动物

对于人类，白化病是一种令人难堪的疾病，患者的皮肤显得与众不同，他们走在路上，会引得路人纷纷侧目。可是如果白化现象发生在动物身上，情况就不那么糟糕，会产生许多可爱的白色动物，它们非但不会受到人类的歧视，相反，物以稀为贵，它们备受人类的珍爱。

我国古代典籍《山海经》中，记载了许多白色动物，多数学者认为，这些白色动物大多是虚构的，在现实生活中并不存在。可是近些年来，世界各地陆续发现了一些白色动物。在韩国的一个山区里，人们发现了一种喜鹊，与白尾巴、黑羽毛的普通喜鹊不一样，它通身都是白色的，成为鸟类中的

泰国首都曼谷一对出生才一个月的小孟加拉虎在熟睡。白虎是濒临灭绝的物种之一。

正在白化的雕。

野生动物如果患了白化病，因缺乏色素而无法过滤光线中的有害成分，极难存活。白化病可由下列原因造成：缺乏色素细胞；胚胎发育中色素细胞未能转移到预期位置；缺乏刺激色素产生的激素或色素细胞异常等。

珍品。在亚美尼亚的一家国营农场，出生了一头白色水牛。该水牛遍体白毛，和普通的水牛迥异，被动物园知道后，征收过去，成为动物园之宝，吸引了无数的参观者。此外，在印度还发现了白虎，在非洲发现了白狮，在我国台湾和云南发现了白猴……这些动物因颜色奇特，受到人们的极大关注。而我国的神农架，堪称白色动物之乡，在这里人们发现了白金丝猴、白熊（形状跟黑熊一样，颜色是白的，与北极熊不同）、白狼、白蛇、白松鼠、白乌鸦、白龟、白鹿、白麂、白蜘蛛等20多种白色动物。

　　动物学家们曾对生活在神农架地区的白熊进行考察，发现这种动物一般生活在海拔1500米以上的箭竹林里，食物主要是野果和竹笋，并且不长期停留在一个地方。从体型看，它们跟黑熊很相似，但脸要比黑熊短些；全身的毛洁白如雪，像细绒一样，脖子和肩上的毛都比较短；上唇和鼻子的颜色呈淡红色，眼睛也是红色的。它们没有冬眠习惯，经常在雪地里寻找食物。它们的性情比较温和，能直立起来手舞足蹈，有时还模仿人的动作，十分可爱。但怎么给这种动物分类，动物学家们却产生了很大分歧。有人认为它是黑熊的变种，还应该归在黑熊一类里面；有人则认为它是熊类的一个新品种，并为其取名为"神农白熊"。

白色动物是远古遗留下来的品种，还是后天变白的？对于这个问题，科学界还没有一致的意见。有人认为，可能有一部分白色动物是远古遗留下来的品种，另一部分是后天变白的。

还有一个问题：为什么神农架地区有这么多的白色动物？难道这里有造成野生动物患白化病的病理条件吗？有人分析，可能是这一地区独特的地质条件以及水文、气候、环境等因素，导致了白色动物的大量产生。

这是一组白色动物的照片。

深海中的居民

深海鱼类的长牙,令人不寒而栗。

一提起深海,人们自然会把它同伸手不见五指的黑夜联系起来。大家都知道,万物生长靠太阳,没有太阳,植物就不能生长;而没有植物,动物也就失去了生存的条件。那么,在海洋深处,常年漆黑一片,应该不会有很多生物存在吧?美国深海探测器"阿尔文号"通过对深海进行考察,向以上说法发出了挑战。

1977年2月,"阿尔文号"在东太平洋加拉帕戈斯群岛附近几千米深的海底热泉处发现,这个终年黑暗没有阳光的世界,其实是一个繁衍生命的沃土,在这里生活着蛤、贝、蟹和红冠蠕虫等许多动物,但其形状却与阳光世界里的动物有很大区别。这里的红冠蠕虫最长的达2～3米,它用白色外套

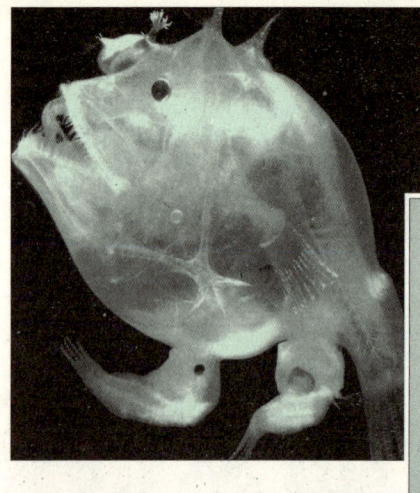

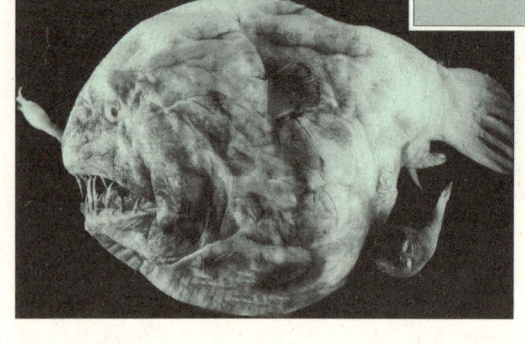

这些深海鱼类长得非常丑陋恐怖，它们生活在几千米深的海洋深处。

管把自己固定在岩石上，保护着自己柔软的身体。它没有嘴，没有眼睛，也没有消化系统，就靠着伸出套管顶端的身体过滤海水中的食物。其血液里充满了富含铁质的血红蛋白，因此显得格外红。有一种巨蛤足有30厘米长，也是靠过滤水中的颗粒食物生活。毛茸茸的深水白蚱，与陆地上的蒲公英极为相似，好像和僧帽水母有一定的亲缘。还有一种像虾一样的动物，在眼睛柱柄的末端长着肉冠，用它在岩石上刮取食物。此外，还有样子像蟹的东西、长着长腿的小蜘蛛等等。这一切，给科学家们出了一个不小的难题，怎么给它们分类？它们在没有阳光的世界里是怎么生活的？这些都是未解之谜。

有人曾对这些深海生物的生存条件进行过分析，认为海水在高温和高压的条件下，所含的硫酸盐变成硫化氢，一些细菌靠硫化氢进行代谢，靠吸收温泉热能而得以繁殖；一些小动物则靠过滤这些细菌生存，而大的动物又以小的动物为食物。就这样，在没有阳光的深海世界里，形成了一条独特的食物链，由此而维持了一系列生物的生存。

如果这一说法成立的话，那么它给人类的启示将是极为深远的。可事情会是这么简单吗？

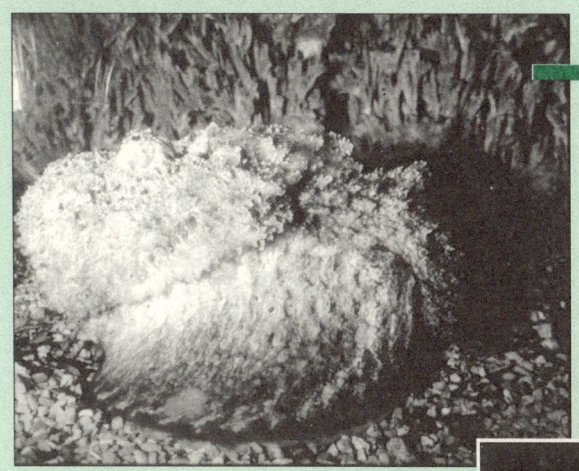

石鱼，看上去像一块石头。

这种鱼身上布满了像斑马一样的美丽条纹。你千万别被它的美丽外貌所迷惑。它背鳍的鳍条有毒，一旦被刺伤，人会疼得要命。

这种鱼虽然长得丑，但它的身体颜色很漂亮，它静伏在美丽的珊瑚礁中，与周围的环境完全混成一片。它的背鳍上有毒刺，如果有人不小心踩到它，毒液就会从刺两侧的沟中注入人体，使人感到剧烈的疼痛，严重的可使人致死。

身怀绝技的"动物警长"

动物是人类的好朋友,在一些特殊场合,它们往往会给人以特殊的帮助。事实上,很多国家的保安部门,都有自己的"动物警长"。

毫无疑问,警犬是人们最常见也最熟悉的"动物警长",它们凭借自己灵敏的嗅觉帮助各国警方破获了无数大案、要案。除了警犬之外,一些国家的警方还别出心裁地启用了"警猪"。猪的嗅觉也很灵敏,德国警方专门训练了一种"警猪",用来搜索毒品。这种"警猪"的鼻子比狗还要灵敏,能隔着皮箱嗅出里面藏着的毒品。它还能嗅出埋在地下1米处的作案工具。斯里兰卡警方则精心训练了一种叫獴的小动物为自己服务。这种小动物在当地很常见,其驯养费用比狗要低得多,而且不引人注意。训练有素的獴可以钻入各种缝隙中进

猪经过训练之后,完全可以成长为"警猪"。

行检查，一旦发现疑点，会立即向警方发出信号。

老鼠的嗅觉和狗不相上下，于是一些国家出现了"警鼠"。训练"警鼠"的方法很特别。首先让它嗅微量的各种违禁品的气味，并同时给予电击，造成强烈的刺激。这样反复做了几次之后，当其再次嗅到这些气味之后，就会出现强烈的骚动，有时还会狂叫不已。由于老鼠身体小巧，因此很适

警犬在协助警方办案的过程中，可以发挥巨大的作用。

獴是一种非常机灵的动物，只要有一点动静，它都要探个究竟。斯里兰卡警方用獴来破案，是一种聪明的选择。

在比利时政府的支持下，APOPO公司开始寻找拥有狗一样灵敏嗅觉，同时又没有其缺陷的动物。最终，他们找到了甘比亚鼠。

合在机场、海关使用。在美国纽约国际机场这样的大场合,也有"警鼠"的身影出现。

还有一些动物则是以另外的方式帮助警方破案。人们都有这样的常识,当一具尸体暴露在户外的时候,会有大量的昆虫迅速赶赴"案发地点"。一些科研人员经过多年研究摸索,发现这些小昆虫其实是最好的"目击证人"。我们不妨设想这样一个场面,一个人被罪犯用刀捅死在一片草地上,那么用不了几分钟,就会有大量的苍蝇聚集到死者的伤口上,产下大量的卵。经过大约12个小时,卵孵化成蛆虫后会爬到附近的土里结茧。随后,其他一些昆虫会陆续来到这里。一般来说,这些动物每一个生命步骤所需的时间都是固定的,这就给人们判断案发时间提供了线索。目前,这已经成为了许多国家刑侦工作的重要手段之一。

一名莫桑比克工作人员肩背一只"探雷鼠"准备扫雷。由比利时开发出来的老鼠探雷技术在莫桑比克排除内战遗留地雷的工作中起到十分重要的作用。

工作人员给"探雷鼠"装上追踪器。

探到一颗雷,就有香蕉吃啦!

动物御敌绝招

在自然界中，动物要生存，不仅要有捕食的本领，当遭遇强敌时，更要有能使自己绝处逢生的独门秘技。

装死，是动物们惯用的招术，许多蛇和昆虫都擅长使用这一招术。当它们遇到危险时，会躺在地上一动不动，然后趁敌人不注意时，慌忙而逃。一些昆虫身上长有色彩醒目的斑块、条纹，使它们在草丛或树枝间十分显眼。喜食昆虫的

蓝目天蛾在停息时以褐色的前翅覆盖腹部和后翅，这时其体色与树皮颜色相似。当受到袭击时，它会突然张开前翅，展现出颜色鲜艳且有蓝眼状斑的后翅，这种突然的变化，往往能把袭击者吓跑。

红斑蝶身上没有毒素，却因外形的原因让敌害望而生畏。

蝎子的尾部带有巨毒，它在强敌面前，会侧身一动不动地装死，如果对方贸然靠近，就会被它狠狠地蜇一下。

善于虚张声势的角蟾。

鸟类看到后，经验告诉它们，凡是身上有这种色彩的昆虫都是有毒的，吃不得，于是便马上离去。可见，这艳丽的色彩是一种警示敌害、使敌害望而生畏的警戒色，有了它的保护，这些昆虫就可以放心大胆地活动，而用不着东躲西藏了。警戒色等于警告敌人："我有毒，别惹我！"更为有趣的是，红斑蝶、食蚜蝇、透翅蛾等昆虫的身上并没有毒素，但是它们却能模拟有毒昆虫的警戒色，狐假虎威，吓退天敌。

善于虚张声势的还有角蟾。角蟾是一种形似癞蛤蟆的蜥蜴，由于头上生着角，身体尾部长着密密的长刺，特别是头后的一些角刺粗大锐利，所以被称为角蟾。当它遇到危险时，先把肚皮鼓成皮球状，身上的每根刺都竖起来，眼睛开始变红，接着从眼中喷出一股鲜血，直射敌人。凡是见到此情景的对手，无不落荒而逃。其实，这种"血眼喷人"只是虚张声势，并没有杀伤力。

还有一些水生动物采用的是分身术，比较典型的是海参

海参靠肌肉收缩行走,类似毛虫运动。如受到攻击,海参会自行排出内脏,以吸引敌人的注意力,一段时间后海参又会生出一套新的内脏。

颈圈蜥蜴遇到危险时会像猫竖起身上的毛一样,展开脖子上的黑、红两色颈圈去吓唬敌人。

和螃蟹。当海参遇上敌害时,它会迅速把体腔内又黏又长的肚肠和像树枝一样的水肺一起抛出去,自己则靠将内脏抛出产生的一股反作用力逃到较远的地方躲藏起来。海参的这种分身术很管用,常常迷惑了敌人,保存了自己的性命。失去内脏的海参不会受到任何伤害,过了50多天,它又会长出一副新的内脏来。而螃蟹陷入困境时,会很快地将螯足或步足自行断掉,借以逃命。当然,被它断掉的器官以后还会再生出来。

在我国南海有一种针河豚,俗称针鸡泡,它的身体与普通的河豚差不多,但它的皮肤外面长满直立的刺,像刺猬一样。针河豚这些针状的刺是它唯一的防御武器,如有敌人胆敢攻击它,针河豚便急吞几口空气或水,将肚子鼓得大大的,使全身的刺根根竖起,令敌人望而却步。

还有一些动物会发射"臭气弹",比如人们比较熟知的黄鼠狼以及狐狸等。其中,最"臭"名昭著的是美洲臭鼬。遇到敌人的时候,它能由肛门中射出一种琥珀色的液体,射程可达10米远。这种液体发出的臭味在几百米之外都能闻到,真可谓臭味远扬。猎犬嗅到这种臭味,会口鼻流涎,萎靡退缩。而且这种液体还具有麻痹作用,如果喷到人的脸上,会使人昏厥;如误入人眼,则会使人失明。美洲臭鼬可算是动物世界中最臭的动物了。

"臭"名远扬的美洲臭鼬。它遇到敌人时,由肛门中射出一种琥珀色的液体。这种液体奇臭无比。据说,一块沾上这种液体的布,在一年后仍是臭的。

愤怒的猩猩"挥棍而上",它的御敌方式似乎比较"暴力"。

针河豚布满针的圆鼓鼓的身体。

妙手回春的动物医生

羚羊在舔食泥浆为自己治病。

人生了病，要去医院看医生。在自然界，动物得了病，同样要去"看医生"，于是产生了许许多多有趣的动物自我治疗和相互治疗的现象。

有一位美国鸟类学家，曾经在南美洲亲眼目睹了这样一件有趣的事：一只大腿骨折的公雉，一瘸一拐来到河边，用嘴叼起河滩上的白色黏土，往腿部的伤处敷去，然后又蹦进草丛，叼起一根柔软的细草，将黏土牢牢绑住，就像用绷带包扎一样。

黄羊具有很强的"自救"能力。

猴子们互相梳理皮毛,一说是为了清洁,一说是为了补充盐分。专家认为,猴子们这种行为方式不但是其生理需要,也是医治某些疾病的"灵丹妙药"。

乌克兰的一位动物学家在狩猎时打伤了一只黄羊,那只黄羊拼命地向一座山上跑去。动物学家紧追不舍,只见那只黄羊跑到一峭壁处,将流血不止的伤腿紧紧贴在湿漉漉的崖壁上。很快,那只因失血过多而十分虚弱的黄羊变得精神起来。那位动物学家对此感到大惑不解,于是便收集了一些岩液回去化验。经研究发现,这种岩液中含有多种微量元素,有消毒止痛、促进伤口愈合的奇效。

类似的事还有很多。俄罗斯西伯利亚森林中的猎手曾不止一次地发现:在一个咸水湖畔,受伤的狼居然都机灵地往自己的伤口上洒盐水,借以消毒。而熊和麝鼠,受了外伤后,会用松脂涂抹伤口。受伤的大象,会寻找含碱的沙子,给自己的伤口消毒。非洲的黑猩猩和大猩猩受了伤,会把止血的树叶贴在自己的伤口上。印度的长臂猿采用的方法与此类似,只不过它们要把采摘到的香树叶先放到嘴里咀嚼,然后捏成一团,敷在伤口上。

以上所说的都只是外科疾病，其他各种疾病，动物们也都有治疗的妙法。

北美洲南部的天气，时晴时雨，冷暖不定，刚出生的小火鸡极易着凉生病。而一旦出现这种情况，母火鸡就会寻找安息香的叶子给小火鸡吃。这种叶子具有开窍行血的功效，因此，患病的小火鸡很快就会痊愈。生活在山泉边的成年獾，当发现子獾患上皮肤病后，便每天都带着子獾到一种具有医疗作用的矿泉水中嬉戏，直至子獾恢复健康为止。

欧掠鸟也会使用某种植物作为杀虫剂。它们选择胡萝卜叶等植物，编成叶饰放在巢内。经研究发现，欧掠鸟选择的植物中含有易挥发的化合物，放在巢内能抑制吸血寄生虫的生长，减少其患病的可能性。

热带森林中的猴子，可能比人类更早发现了金鸡纳树对疟疾的疗效。它们得了怕冷、战栗的病，就去啃金鸡纳树的树皮。

小小的清洁鱼是著名的"鱼医生"。

这只鱼正在接受清洁鱼的服务。

猩猩生了牙髓炎，会用湿泥土涂在面孔上或牙龈上，待炎症消退后，还会将坏牙拔掉。受伤的海豹，会寻觅一种有促使伤口愈合作用的海藻。野兔得了肠炎，会去寻找马莲吃。野兔受伤后，会弄来蜘蛛网上的黏性蛛丝，用以医治伤痛，因为黏性蛛丝可以镇痛和止血。水牛也会长时间躺在泥沼里，用温热的泥浆治疗身上的伤口和溃疡。

生活在海洋中的鱼得了病、受了伤，会主动找"鱼医生"——清洁鱼。

清洁鱼给鱼治病，既不打针，也不吃药，而是用它那尖尖的嘴巴清除病鱼身上的细菌或坏死的细胞。它们的"医院"一般设在有珊瑚礁或岩石突出的地方。它们不分昼夜地工作着，有人曾发现，一条清洁鱼在6个小时内医治了几千条病鱼。在海洋里，大约生活着40多种清洁鱼。它们夜以继日地工作着，而所有的鱼类几乎都不吃清洁鱼，好像它们知道自己说不定哪天会有求于清洁鱼，所以对其格外地爱护和尊重。

动物预测地震之谜

当大的天灾来临之际，和懵懂无知的人类相比，动物们要警觉得多，它们往往能先知先觉。

1968年6月，在地震前一个小时，苏联亚美尼亚地区的几千条蛇结伴穿过公路，甚至影响了汽车通行。1978年中亚阿赖地区发生地震时刚好是冬季，早已冬眠的动物如蛇、蜥蜴等，在一个月前就从冬眠中醒来，爬出它们冬眠的地方，结果冻死在雪地里。

1976年唐山大地震发生的前三天的上午，有人发现成百只黄鼠狼，大的背着小的或叼着小的，从一堵墙下面的洞里

花豹感到灾难的临近，开始惊恐不安地跃动。

逃出，向村里转移，在第二天和第三天又急急忙忙地奔向村外，它们惶恐不安，特别反常。唐山市殷各庄有一条狗，在地震的那天夜里狂吠不止，几次冲进主人房内，甚至还咬了主人一口。不明所以的主人拿起棍子冲出门外欲打狗的一刹那，地震发生了。

其他的动物，比如鸟类和鱼类等，在地震前也有类似的异常举动。

在河北昌黎县，有一家养了二三百只鸽子，在地震发生的前两个小时，它们倾巢飞出。

现在，对于动物预知地震的现象，人们已见怪不怪。那么，为什么动物比人更具有感知地震征兆的能力呢？

有一种观点认为，地震时震源岩石破碎能发出人类听不到的超声波和次声波，有些动物却可以听到。有人对蛇和蜥蜴进行了研究，发现蛇对低音波振动的感受力很强，而蜥蜴的超声波听力范围可达到100千赫，这使其能够听到地球内部的"声音"。所以，当地震快要到来时，许多动物就会不安分起来，为活命而纷纷出逃。

地光也是地震的一种前兆。地光耀眼夺目，色彩斑斓，而

鸽子对地震很敏感，在地震发生前，鸽子往往会有一些异常反应。

蜥蜴具有较强的超声波感知能力，一旦其做出超常的举动，这往往是地震的前兆。

鸟类的视觉系统特别发达，善于远视，它们对从未见过的色彩非常敏感。鸟类的异常反应在地震前也很普遍，这可能与地光有关。

　　人们还发现，地震前动物发生异常反应的地区分布是有规律的，一般是沿着发生地震的地质构造带两侧分布。在地下断裂带的交叉点、两端和某些地下通道的出口处，动物异常反应较强烈。例如，海城地震前，动物发生异常反应的地区集中分布在北面的两条断裂带的两侧。1976年内蒙古的林格尔地震前，动物发生异常反应的地区集中分布在与长城走向一致的断裂带上，形成十几千米长的动物异常带。这可能与地下断裂带的分布情况有关。

　　现在，对于动物具有预知地震的能力，人们已无异议。但有些问题，如地震源以什么信号刺激动物，动物又以什么器官接受了这些信号，还有待于人们去探索。

飞猫之谜

可以说，几乎没有人没看见过猫，因为猫是人类的宠物，许多人家都养猫，但恐怕没有几个人见过飞猫。

说来话长，人们看到飞猫的历史已经很久远了。那还是在1905年，在英国威尔士北部的小城彭特沙锡尔，一所学校的孩子们正在操场上玩耍，突然天空中飞来一只怪物，在学校的上空盘旋。由于它飞得很低，许多学生都看得很清楚——那是一只猫。当地的《天文》杂志对这个怪物进行了报道，说这个怪物长着4只脚，翅膀是黑黑的，大约有3米多长，飞行速度大约每小时30千米。

此后，有关飞猫的报道不断见诸报端。1933年6月的一天，在英国萨马斯城的比斯·克利菲斯夫人家的院子里，发

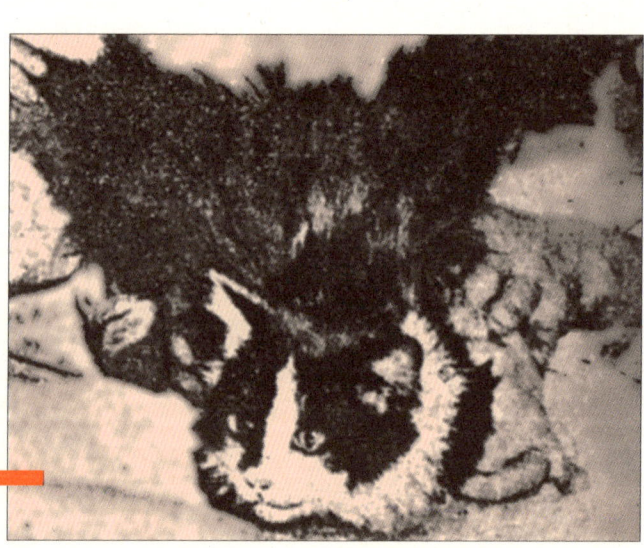

1939年，住在英国南约克夏州谢菲尔德的洛巴克夫人曾饲养过一只猫，这只猫长着6厘米长的翅膀，虽然不会飞，却可以滑翔。

现了一只黑白相间、长相十分奇特的"猫",它的身上还长着翅膀。当它发现有人向它走来时,就张开翅膀飞走了。这是最早的一次近距离目击飞猫。比斯·克利菲斯夫人把这件事报告了当地动物园。动物园的园长和管理主任赶往现场。当他们到达现场时,那只怪猫又出现了,他们急中生智,用网捕获了这只怪猫。这只怪猫在动物园里生活了一段时间后才死去。

"有翅膀的猫"也曾出现在加拿大。1966年6月,这种"有翅膀的猫"出现在一个名叫阿尔菲列特的小村子里。这只

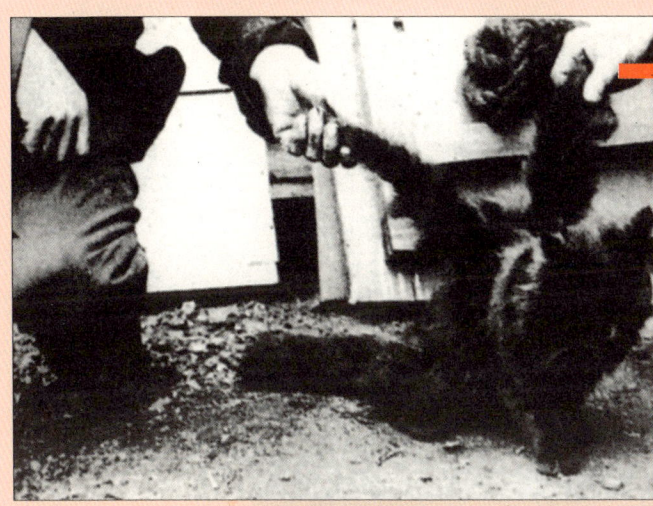

有报道称,1975年12月,在英国曼彻斯特附近,人们捕获了一只长有翅膀的黑猫。这只黑猫同平常的猫长得一样,只是多长了一对20厘米长的翅膀。

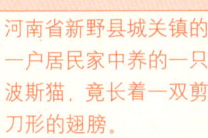

河南省新野县城关镇的一户居民家中养的一只波斯猫,竟长着一双剪刀形的翅膀。

长着大翅膀的黑猫从天而降，冲向家畜，把鸡、鸭撵得到处跑，连老牛也要惧它三分。一天，正在屋里做糕点的商人列巴斯听到外面响起一阵尖叫声，他跑出来一看，原来是邻居家的猫被一个张开翅膀、贴地飞行、样子像猫的怪物追赶着，在拼命地逃跑。这只怪物不时落在地上，一跳一跳地跑，然后又张开翅膀飞起来。列巴斯赶紧跑回屋里取来猎枪，向着"有翅膀的猫"发射了5发子弹，"有翅膀的猫"应声掉在了地上。人们赶过去一看，都惊呆了。原来这个怪物的胡须、耳朵、脑袋都跟猫一样，所不同的是，它长着两颗约2厘米、像针一样锐利的獠牙，眼睛发出暗绿色的光，它的翅膀有35厘米长，体重约5千克。这只怪物被埋在了列巴斯家的后院。

几天以后，这只埋在院子里的怪物被挖了出来，送到开布特比尔农校的兽医实验室进行验尸。主持验尸的兽医说："人们所说的翅膀，不过是一团毛，这个怪物也只不过是一只普通的黑猫。"他的结论，遭到了阿尔菲列特村及其周围一些村庄村民的反对，因为他们多次见过这种"有翅膀的猫"。有人曾杀死过这种怪物，还有人曾经捉住过它。

有个名叫约翰·吉尔的科学家，对这种怪物进行了实地调查和研究。他认为，这种怪物是介于猫和蝙蝠之间的生物，说不定会在某个地方找到它们的族群。

"有翅膀的猫"到底是一种什么动物，还有待于科学家们进行深入研究。

毒蛇"朝圣"之谜

一看到这个标题,人们就会感到奇怪,难道毒蛇也能朝圣?它朝的是什么圣?世界之大,无奇不有,这件事不是人们凭空编造出来的,事情就发生在希腊的西法罗尼岛上。

每年的8月6日到15日,都会有数以千计的毒蛇从悬崖峭壁和山林洞穴里爬出来,直奔这个小岛上的两座教堂,盘结在教堂的圣像下面。它们在这里待上10多天后,才慢慢地离去,就好像有谁在指挥着它们似的。这是一些剧毒蛇,只要被它们咬一下,就很难活命。但它们却能跟岛上的居民和睦相处,十分温顺。岛上的居民认为,这种毒蛇具有驱邪治病的神力,只要触摸它一下,或者把它缠绕在身上,就可保佑你岁岁平安。

这只吃饱了的大蛇盘在树荫下,以躲避日光的强烈照射。

在我国辽宁省旅顺西北边的渤海中也有一处面积约1平方千米、由石英岩、石英砂岩等组成的岛屿。在这个岛上盘踞着成千上万的蝮蛇,人们因此把它称为"蛇岛"。

令人迷惑不解的是,毒蛇朝圣的日子,竟然都是希腊的重要节日:8月6日——希腊人纪念上帝的日子;8月15日——希腊人纪念圣女的日子。更让人感到奇怪的是,每一条蛇的头上,都有一个跟十字架极为相似的标记。据记载,这种毒蛇朝圣的现象,已经持续了120多年。

这到底是怎么回事呢?西法罗尼岛上的人们对此作何解释呢?在岛上,一直流传着一个悲惨而又动人的故事。

在很久很久以前,西法罗尼岛就是一个美丽富饶的地方,人们安居乐业,过着无忧无虑的生活。可是有一天,灾难降临了,一伙强盗登上这个岛,烧杀抢掠,还不怀好意地将24名年轻貌美的修女关押起来。圣母知道这一情况后,为了使手无寸铁的修女免遭强暴,就把她们都变成了毒蛇。强盗们眼看着美女变成了毒蛇,吓得一哄而散。可蛇再也没有变回人,它们为了报答圣母的搭救之恩,每到8月6日和15日,就到这里来朝圣。

传说归传说,这种现象从科学上该如何解释呢?难道教堂里有什么吸引蛇的气味吗?假使有气味的话,怎么偏在那几天散发出来呢?这一切,还没有人能做出令人满意的回答。

动物求偶趣闻

大千世界,物种繁多,动物的种类也数不胜数。这成千上万种动物,生活方式各异,求偶方式也是五花八门。一般动物求偶是尚武的,如猴子、兔子,雄壮有力的才能获得交配权,也有凭借个人魅力用歌声、舞姿打动女友芳心的。

巨嘴鸟到了发情期,雄鸟便从早到晚不停地歌唱,雌鸟若对它有意,便会发出"喳喳"的声音,雄鸟见状会迅速飞向雌鸟,它们用身体互相摩擦,以表示亲近。

美丽的雄孔雀在求偶时会展开漂亮的尾羽,雌性孔雀会根据对方羽屏的艳丽程度进行选择,然后再谈情说爱。

动物向女友求婚也不容易。除了大献殷勤之外,通常要向女方送些"财礼",这和人类社会倒是有些相似。生活在南极冰川上的阿德里企鹅在求婚前要挑选一些鹅卵石作为见面

大海鸟正跳着舞表达自己的"爱情。""求偶舞"是真正的"爱的宣言"。

这对企鹅夫妇相亲相伴生活在白雪茫茫的冰原上。

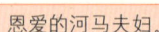

恩爱的河马夫妇。

礼,在我们看来极普通的鹅卵石在南极是很难寻觅的,珍贵程度不亚于钻石戒指。有些实在找不到鹅卵石的雄企鹅就是偷也要把它奉献到女友脚下,一旦女友认可了,它们会用偷来的鹅卵石在背风处筑起洞房,生儿育女。有一种鸟叫燕鸥,雄鸟送给女友的是一种很少见的鱼,当雄鸟有了"意中鸟",它就会把鱼叼来放在女友的脚下,如果女友不吃,它就会失落地离开;反之,它们会比翼齐飞,开始甜蜜的蜜月之旅。

欧洲有一种名叫白头翁的鸟,当雄鸟向它的"意中人"求爱的时候,往往从远处衔来一束美丽的鲜花,献给对方。如果对方接受了这束鲜花,雄鸟就会在雌鸟周围高兴地跳来跳去。

有一种飞鸟叫牛虻,是一种食肉性动物,它们的食物绝大多数是昆虫。雄牛虻在向雌牛虻送礼求婚时很郑重,先用自身的分泌物做一个小篮子,再把小昆虫盛到篮子里当礼物馈赠对方。有些雄牛虻捉不到小虫子,就送个空篮子或在篮子里装个假礼物前去骗婚,雌牛虻往往上当受骗。

动物中最势利、最奸诈的是一种蚊子,叫黑边大蚊。雌性黑边大蚊对于雄蚊送来的求婚礼品,常常挑挑拣拣,如果对方送的礼物过小,或者味道不好、不称心,就拒绝交尾。有

1.雄性章鱼将生殖器隐藏在长有斑马纹的皮下。2.雄军舰鸟到了繁殖期会鼓起红色的喉部吸引异性。3.海象以迷人的"笑容"吸引异性。4.鸬鹚发出叫声来吸引异性。5.雄绿蛙鼓起声囊来吸引异性。

时雌蚊接到了礼物,吃完了就逃,不与雄蚊交尾。而有的雄蚊好吃懒做,便伪装雌蚊夺过礼物就跑。所以雄性黑边大蚊求偶时需格外谨慎,否则会竹篮打水——一场空。

  红海里有一种红鲷鱼,一般以20条左右为一群,也就是20条鱼组成一个"家"。这个家里只有一条雄鱼,其余的都是它的"妻子"。红鲷鱼有一种奇异的特性,一旦"丈夫"死去,"妻子"们不会改嫁,它们会在"妻子"群中挑选一条最强壮的鱼来接班,以继承"丈夫"的事业。于是,顶替的雌鱼鱼鳍开始变大,体色变艳,卵巢缩小,精囊发达起来了,最终变成了"丈夫"。如果这个"丈夫"不幸死了,那么很快又会在雌鱼中间出现一个后继者。

动、植物中的酒徒

面对这杯鸡尾酒,小猫也许会成为"饮者"。

世界上爱喝酒的人很多,可如果说动、植物也有酒徒,很多人一定会感到十分惊讶。其实,酒这东西,对各种生物都有诱惑力。

苏格兰一家酒店老板饲养的一只猫,以酒为主要饮料。这只猫喝酒之后,既不耍酒疯也不睡觉,而是精神抖擞地捉老鼠。据酒店老板说,它已捉鼠21000多只,可能创造了世界纪录。

有位名叫艾伦·约翰逊的美国人,把4.5千克劣质酒和酒糟倒在草地上,吸引了几百只鸟来挑吃。鸟儿把酒糟里的葡萄吞吃了许多,结果醉得昏昏欲睡,满地乱躺,甚至挂在晾衣绳上。主人为防野猫来抓吃,把醉鸟集中关在鸟笼内,等它们醒后放走。

蝴蝶中也有酒徒。成熟的果实落到地面后，会发酵产生酒味，那些好酒的蝴蝶往往循味远道而来。于是，山地捕蝶人就把浸过酒的布条挂在树枝上，树林里的蝴蝶翩翩而来，聚集在酒布上过瘾，捕蝶人便将它们一网打尽。

大象也爱喝酒，时常到居民家偷酒喝。有一次，一个印度军队的储酒库被一群野象摸到，好几桶酒被喝得精光。野象醉了大发酒疯，乱跳乱蹦，走的时候还把一个装有12瓶甜酒的箱子带进密林里慢慢享用。

蚂蚁中有种褐蚂蚁，嗜酒如命，它们对养在蚁穴里的隐翅虫的幼虫待如上宾，因为隐翅虫肚子两侧的第一节上有一种黄色的绒毛，绒毛下有皮脂腺和脂肪体，褐蚂蚁只要拨一下它的绒毛，隐翅虫就会分泌出一种化学成分和乙醇很相似的芳香液体。褐蚂蚁"喝"到这种液体就会舒服。褐蚂蚁如遇到覆巢之灾，它们会首先保护隐翅虫的幼虫，而不顾自己的子孙。

英国人莱利家中有一只宠物犬，染上爱喝酒的毛病，不给酒喝就乱跳乱叫，喝了酒就安静地睡觉了。

蝴蝶中也有酒徒。

泰国的一个小乡镇的啤酒店,曾发生了一件叫人哭笑不得的事。一群猴子在傍晚时来到啤酒店,又跳又闹,直到店老板给它们啤酒喝它才安静下来。可过了几天,这群猴子又来胡闹,店老板只好继续供应啤酒。如此几次三番,店老板不堪重负,只好叫来警察,然后让猴子们开怀畅饮,待它们酩酊大醉后,拉上警车带走。图为喝醉了的猴子们。

植物中居然也有酒徒。日本东京葛饰区的帝释天佛寺内有一棵瑞龙松,高10多米,树干周长1米多,已有350多年的树龄了。当地居民米山宗春一家三代人一直照料着它。每年春天为它修剪完枝叶,主人便在树根周围挖掘6个洞,每个洞里灌入酒10瓶,约十几千克。如不灌酒,此树便垂头耷脑,毫无精神。米山宗春说,这棵树至少已喝了100年的酒了。

有些植物还会偷酒喝。英国牛津大学莫林学院里,曾发生过这样一件趣事:放在地窖中的一桶波尔图葡萄酒,不知被谁偷喝光了。经过调查,才知小偷竟是一株常春藤。原来,长在院墙外的这株常春藤嗅到酒味,便把根穿过墙角,穿进地窖,伸到了酒桶里。这个神秘的"酒徒"人不知鬼不觉地把整桶葡萄酒都给喝光了。

奇异的加拉帕戈斯群岛

加拉帕戈斯群岛位于距南美洲厄瓜多尔西海岸800多千米的太平洋上,赤道横穿其中。该岛是海底火山喷发形成的,形成的时间还不到300万年。据统计,加拉帕戈斯群岛共有大、小喷火口2000个,几乎每个岛上都有火山。这些火山高低不同,最高的海拔为1700米。在很多圆锥形的火山口中还积满了水,成为亮晶晶的火山湖。

加拉帕戈斯群岛(又称科隆群岛),以其保持着原始风貌的独特生物物种而闻名于世,素有"生物进化活博物馆"之称。

图为生活在加拉帕戈斯群岛的陆生鬣蜥,它产生的时间要比岛的历史早得多。

为什么加拉帕戈斯群岛的火山如此之多呢？原来，该群岛正好处在三个地壳板块的接缝处——太平洋板块不断向西移动，东北面和东南面分别是两个大陆板块，它们也在向外移动，结果在接缝处就形成了巨大的海底裂谷和许多小断裂带，地球内部的炽热岩浆不断向上喷涌，于是就形成了这个火山群岛。通过航拍可以清楚地发现，加拉帕戈斯群岛一带陆上和海底的火山都相当有规律地排列在纵横交错的断裂线上，大约每隔35千米就有一座火山。

加拉帕戈斯群岛的自然环境非常奇特。虽然它地处赤道地区，可是这里空气寒冷干燥，植物稀少，还有不少典型的寒带生物，呈现的完全不是那种林木繁茂、高温多雨的热带景象。为什么会这样呢？原来，在太平洋东南部有一条巨大的秘鲁寒流，它把南极洲附近的冷水源源不断地向北输送，加拉帕戈斯群岛正好位于这条强大的寒流中间，致使群岛温度偏低，降水很少，就是在沿海一带，气温也只有20℃左右，到山上就更冷了。奇特的自然环境，使这里的生物世界也与众不同。在加拉帕戈斯群岛，人们可以惊奇地看到成群的南极企鹅——要知道这可是在赤道线上。

长期以来，加拉帕戈斯群岛吸引了无数研究者的目光。1835年，英国生物学家达尔文进行环球旅行时，曾在该岛做过一些极为著名的野外观察，使它名声大振。

然而多年以来，生物学家一直在为加拉帕戈斯群岛生物进化的问题感到迷惑不解：为什么岛龄不到300万年的该岛上的生物进化得如此神速？以鬣蜥为例，在加拉帕戈斯群岛上生存着两种鬣蜥，一种是陆生的，一种是海生的，它们分道扬镳的时间距今已有1500万~2000万年，这比岛的历史早得多，根本没有足够的地质时期使其得以进化。原因何在？

喀斯特奇观

喀斯特（Karst），本是欧洲巴尔干半岛的一个地名，那里有一片面积很大的石灰岩地区，这些石灰岩由于受到溶蚀和侵蚀而形成各种奇特的地形。因此，科学家们便用"喀斯特"一词来命名因石灰岩的化学溶解而引起的一系列地质作用和地貌现象。

中国喀斯特地貌分布广泛，类型之多，为世界罕见，据不完全统计，总面积达200万平方千米，其中裸露的碳酸盐类

溶洞中的钟乳石犹如倒挂的垂杨柳。奇妙的造型使人觉得仿佛置身于世外桃源。

桂林山水是典型的喀斯特地貌。

岩石面积约130万平方千米,以桂、黔和滇东部地区分布最广。这些岩溶物质——石灰质碳酸盐(石灰岩),是2亿多年前(古生代二叠纪)的海底沉积物,厚3000～6000米。随着造陆运动的兴起,巨厚的沉积物变成一种可溶性的石灰岩陆壳。石灰岩是一种可溶性岩石,在含有二氧化碳的水中最易溶解。我国西南地区地处热带和亚热带,气候温暖湿润,植物茂密,极易生成二氧化碳。含二氧化碳的水溶液,如同一位身怀绝技的雕塑家,随着时间的推移,把石灰岩塑造、打扮成繁花似锦、千姿百态的岩溶地形,如溶沟、石芽、石林、石峰、石丘、落水洞(地表水流入地下河的主要通道,或溶洞向上的开口)、洞斗(漏斗形成碟状的封闭洼地)、溶洞等等。

溶洞是岩溶地形百花园中一朵绚丽之花。它是地下水沿可溶岩层的各种构造面(层面、节理面、断层面等)进行溶蚀及冲蚀而形成的地下洞穴。相互连通的一系列洞穴代表着洞穴发育的地下水系。溶洞的形态多种多样,不少溶洞系统

在土耳其的安纳托利亚高原东南部的卡巴多西亚，数以千计的奇岩连接在一起。这是石灰岩经过长期演化而形成的不可思议的自然景观。

卡巴多西亚的奇岩，样子很像迪斯尼乐园中的小房子。

延伸很长，可达几十千米至几百千米，如美国肯塔基州的猛犸洞长达240千米。有的洞穴面积很大，如马来西亚的沙捞越厅，面积162700平方米，是迄今发现的最大的岩溶厅室。一些溶洞常汇集丰富的地下水而成为地下暗河。溶洞中还常有丰富多样的沉积物，如石笋、钟乳石、石幔等，构成绚丽多彩的地下世界。广西桂林七星岩溶洞雄伟深邃，玉雪晶莹，

147

美国布赖斯峡谷岩层经风化后被刻蚀成奇形怪石。图为一棵大树从石穴中伸向光亮处。

石灰岩长期受侵蚀而形成了巨大的石柱,其结构变化多端。图为美国犹他州南部的布赖斯峡谷公园。

最宽处达43米,最高处有27米,长约800余米,洞里常年温度在20℃。洞内景物天然妙成,有石索悬锦鲤、大象卷鼻、狮子戏球、仙人晒网、海水浴金山、南天门、银河鹊桥、女娲殿等,奇幻多姿,十分壮丽。该洞能同时容纳万余人。

在我国贵州省荔波县,还有一片地球上绝无仅有的喀斯特森林。荔波地处北纬20°,在地球的这条"腰带"上,从阿拉伯半岛到撒哈拉沙漠,从墨西哥城到美国西南部,都已经或正在沦为沙漠。同纬度地带的喀斯特地貌已是乱石嵯峨,草木难生。石漠化和半石漠化已成了喀斯特地貌的普遍景观,森林的踪迹难以寻觅。唯独荔波却依然翠绿葱茏,方圆2万多公顷的喀斯特森林成为地球"腰带"上一颗耀眼的绿宝石。

万烟谷奇观

1912年6月1日，美国阿拉斯加沉寂已久的卡特迈火山突然发生喷发，火山喷出的29立方千米的火山灰遮蔽了天空，使方圆100多千米的地方变得漆黑一片。这种状态整整持续了3天。附近的科迪亚克岛完全被火山灰掩埋，几天后，连几千千米之外的华盛顿都能看到高空的烟雾。

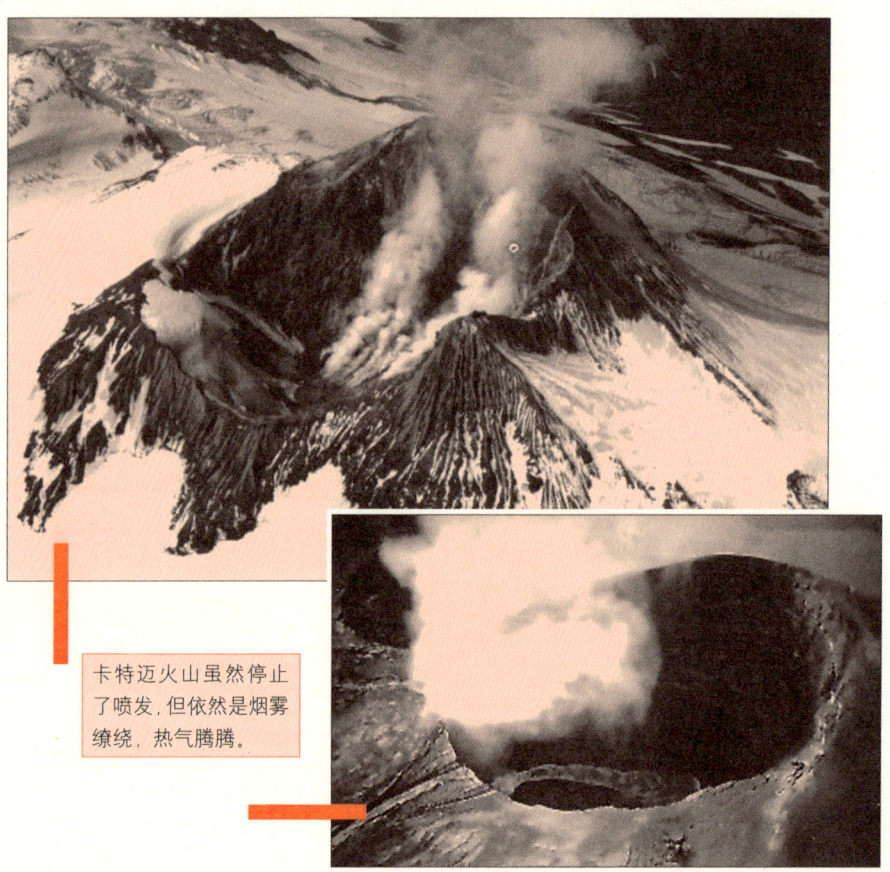

卡特迈火山虽然停止了喷发，但依然是烟雾缭绕，热气腾腾。

这次火山爆发，把山顶削平了，火山口被炸成了一个深坑，积水成为湖泊。爆炸后地表产生了许多狭长的裂缝，从地表裂缝中喷出的火山灰砾达110亿立方米，在高压气流的推动下，快速地向山谷下方推进，一路上把树木全部冲倒，炽热的火山灰又把树木全部掩埋，并使之迅速碳化，整个山谷被覆盖上一层厚达200米的火山灰砾。

之后，卡特迈火山虽然停止了喷发，但依然是烟雾缭绕，热气腾腾。周围草木不生，许多裂缝还在冒烟，并且其温度很高，4年后一个考察队前来考察时，喷出的气体温度仍高达649℃。

在距卡特迈火山10多千米处，有一条长16千米、宽8千米，由40多个山谷组成的地带。原先，这里林木茂盛，郁郁葱葱，如今植物已全部枯死，谷中覆盖着一层厚213米的火山灰砾。令人惊奇的是，这片面积145平方千米的灰砾场上，有着成千上万个喷气孔，大量炽热的气体从地下喷出来，形成挺拔的气柱，遇冷空气凝成大片云雾，在山谷上空形成巨大的蒸气云，从而形成了罕见的自然奇观——万烟谷。

几十年过去了，如今万烟谷里仍在喷气的喷气孔已经寥寥无几。但是美国政府却把这满目荒凉、百孔千疮的地方派上了用场：以它为假想月面，用来训练宇航员。同时，还将它辟为国家公园，吸引了大量游人。

魔鬼塔与化石林

大名鼎鼎的魔鬼塔。它的存在,让人们再一次见识了大自然神奇的创造力。

在美国怀俄明州东北部的贝尔福什河流域的一片茂密的森林中,耸立着一根擎天石柱,上面布满了排列整齐的"木纹",这就是著名的魔鬼塔。

魔鬼塔高约264米,塔底直径300米,平坦的顶部直径84米。它由一簇又长又直并且布满节理和裂隙的石柱组成,倾角达到80°,陡峭异常。关于魔鬼塔,在当地印第安人中

泰国南部的攀牙湾是一处风景优美的地方。其中的平甘岛犹如一个大陶罐,在电影《带金枪的人》里被用做一个场景之后,得到了"詹姆斯·邦德岛"的诨名。这座陶罐塔形成的原因同魔鬼塔一样,都是亿万年前火山喷发的结果。

还流传着一个传说。相传在很久以前,有一个大力魔神,他用自己的神力雕筑了这个石柱。每当他不高兴的时候,便在柱顶大力击鼓,发出震天的响声,听到的人无不惊恐万状,魔鬼塔由此得名。

传说毕竟是传说,那么,魔鬼塔究竟是怎样形成的呢?大家知道,火山是地球内部岩浆喷发形成的。岩浆喷发时当然要有喷发的通道,当岩浆停止喷发时,通道里的岩浆便逐渐凝固成熔岩。魔鬼塔所在的位置正是岩浆喷发时的通道。魔鬼塔就是凝固在通道中的熔岩。在几百万年以前,它原本是埋在地下的,由于周围的岩石都比较脆弱,受到风化剥蚀逐渐变成泥沙被雨水冲走,于是魔鬼塔就兀立于地面,成了今天这个样子。它上面的节理和裂隙,则是在岩浆冷却时自

形似男性生殖器的石柱。

风化是矿物和岩石的物理破碎崩解、化学分解和生物分解等复杂过程的综合。

然收缩形成的。

在美国亚利桑那州东北部,还有一座奇特的化石林——数以千计的石化的树干,倒卧在地面上,宛如一片古老的废墟。

在1.5亿年前,这里是一片史前森林,后来由于洪水的冲刷裹挟,这些树木有的倒伏,有的折断,并被泥沙和火山灰所掩埋。被掩埋的树木由于缺氧而没有腐烂，其木质细胞经矿物质填充和代替后，又被溶于水中的铁、锰的氧化物染上各种颜色，就变成了今天的五彩斑斓的化石林了。

化石林中这些石化的树干，直径0.9～1.2米，长18～24米，最长的达37.5米。它们的年轮清晰，纹理斐然，色泽艳丽，在阳光下熠熠放光，使人眼花缭乱，叹为观止。整个化石林分为六部分，它们分别叫彩虹森林、碧玉森林、水晶森林、玛瑙森林、黑森林和蓝森林。此外，还有一根长30米的石化树干，它的下部已被风化成洞穴，像一座美丽的长桥，人们给它起了一个美丽的名字——玛瑙桥。

参天的原始森林，经过亿万年的变迁，竟变成了化石林，其上面的木质纤维还依稀可见，大自然的魔力真是令人匪夷所思。

南极暖水湖之谜

南极是世界上最寒冷的地方,那里绝大多数地方都被2000多米厚的冰雪覆盖着,最低温度可达-89.2℃。可是在这样一个冰雪世界里,竟然有好几个不结冰的湖泊,不能不说是一个奇迹。比如南极干谷里的唐·胡安塘湖,由于它的湖水奇咸,即使在-70℃的低温下,湖水也不结冰。而南极东部的翁塔西湖,由于湖面水的蒸发速度大大超过其结冰速度,所以也不结冰。

此外,还有一种仅仅是湖面结冰的暖水湖,其中最著名的是地处莱特冰谷的瓦塔湖。瓦塔湖面积约13.6平方千米,它的湖面终年被三四米厚的冰层覆盖着,但是冰层以下的湖水却终年不冻,而且随深度的增加,湖水的温度不断上升。在冰下60米深处有一层盐分饱和了的盐水层,水温接近27℃,

北极也有类似南极的地貌。瓦特纳冰原是冰岛最大的冰冠,占地达8420平方千米,相当于该国面积的1/12。令人感到奇特的是冰下之物——在巨大的冰帽下,分布着熔岩流、火山山口和热水湖。

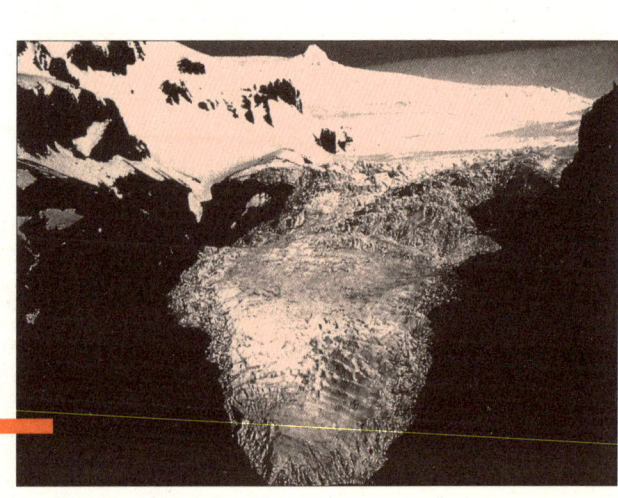

在南极瓦塔湖上漂浮的雪盖下流淌着湖水，堪称一奇。

比湖面冰层的平均温度高约50℃，人们形象地把它比作南极的"热水瓶"。

该怎样解释这一奇特的自然现象呢？

众所周知，由于太阳辐射先到达湖水表面，一般情况下湖水的温度是随着深度的增加而降低的。而瓦塔湖恰恰相反，随着深度的增加，湖水的温度却不断升高。于是人们做出了种种猜测。一些人认为，湖水可能是被湖底涌出的温泉加热的；另一些人推测说，一股从地壳深处流出的岩浆流烤热了底部湖水；第三种意见认为，湖里在发生某些不可知的化学反应而释放出热量。

1973年，由美国全国科学基金会以及日本和新西兰的有关组织发起了一项"干谷钻探计划"。这一年的11月，钻探者打孔穿过瓦塔湖的冰和水，一直钻进湖底取出岩芯，发现湖底的水很暖，但水下的岩层却很冷，这就否定了地热从下面加热湖水的说法。由于在取出的岩芯中找到了水生物的化石，表明这里曾是海洋峡湾的一部分，现在的咸水，可能就是那时候遗留下来的。

考察船破开坚冰，探索南极的奥秘。

苏联地质矿物学博士弗罗洛夫认为，瓦塔湖里的温水可能是被太阳晒热的。瓦塔湖水非常清澈，看不到任何微生物群和悬浮分子，湖面由于刮大风和强烈的蒸发而没有积雪。因此，太阳的短波辐射可以不受任何阻碍地透过清澈透明的冰和水，就像穿过温室玻璃一样，将湖底烤得如同湖四周的岩壁一样灼热。而从湖底反射的长波辐射，几乎全部被湖水所吸收，将湖水从上至下烤热。湖面的冰层能像棉被一样阻挡湖水热量的散失，底层湖水的热量也不会因对流而丧失。这个湖紧挨冰层有一层淡水，再下面的水就变成咸水，而且含盐量随深度的增加而增加，其湖底的湖水的含盐度要比海水高出10～15倍。水的含盐量越高，密度就越大，也越重。上层淡水即使是冷的，也比下面的热的咸水轻，根本不会有热对流运动，所以下面的水永远是热的。

然而，弗罗洛夫的观点也并不完善，人们仍然存在不少疑问。比如，厚厚的冰层究竟能透过多少阳光？在经过没有日出的长达半年的极夜之后，瓦塔湖为什么还能保持这样高的水温？而在半年的极昼期，瓦塔湖大量吸收太阳辐射，为什么水温并没有无限制地上升？

"怪脾气"的湖

在甘肃省甘南藏族自治州迭部县的桑坝乡,有一个"脾气"古怪的湖,当地人叫它"骨麻海"。它是一个群山环绕的高山堰塞湖,处在终年积雪、银装素裹的迭山主峰之下,四面环山,整个湖呈椭圆形。湖水终年清澈碧绿,湖四周的岸上树木苍翠。如此美丽的湖泊,却有着令人费解的"怪脾气":夏天人们不能在这里高声叫喊,否则,转眼之间就会电闪雷鸣,并伴有倾盆大雨。

像这种"脾气"古怪的地方还不止"骨麻海"一处。云

这是位于云南丽江境内的"九九龙潭"。

南省丽江县境内的老君山,海拔4396米,山势奇伟险峻,风光秀美宜人。在浓荫蔽日的顶峰之上向下俯瞰,会看到许多形状各异相互连缀的水潭,这就是远近闻名的"九九龙潭"。

如果人们站在龙潭上对着龙潭高声叫喊,宁静、碧蓝的天空会突然乌云密布,紧接着便狂风大作、电闪雷鸣。清澈、平静的潭水也像是突然发了疯似的翻滚不止,浊流汹涌。有时狂风暴雨还会挟着鸡蛋大小的冰雹,铺天盖地而至,令人猝不及防。当地人、畜被冰雹砸伤的事时有发生。

因为经常发生这种奇怪的现象,附近的人们在"九九龙潭"的旁边往往缄口不言,唯恐遇到不测。有趣的是,如果遇上干旱年头,人们便利用"九九龙潭"的怪脾气,高声叫喊或敲击响器,以此来"呼风唤雨",每每都很灵验。

为什么会出现以上的奇怪现象呢?有人认为这与当地的山川地势、气候水源有密切关系,但没有人能做出具体而科学的解释,因而仍然是个谜。

大名鼎鼎的喀纳斯湖是一个冰川刨蚀湖。

"鬼城"奇观

我国大西北沙漠中的"鬼城",远远望去,俨然一座中世纪的城堡。

风犹如大自然的杰出"雕塑师",它以自己的鬼斧神工,雕琢出许多奇妙的自然景观。

在我国大西北沙漠中,耸立着一座"鬼城",远远望去,俨然一座中世纪的城堡,有高大的城楼,狭窄的街道,宽阔的广场,巍峨的宝塔,各种人形或兽形的"雕塑"……一个城市所能拥有的各种建筑设施这里几乎都有。可是,这个"城市"里空无一人,是那样的冷寂荒凉。

如果在一个月光朗照的夜晚走进"鬼城",你见到的会是另外一番景象——各种奇形怪状的"建筑物"、"雕塑"一齐投下怪影,与实物虚实互补,并且随月光移动,变化万千,阴森可怖,因此当地人称其为"鬼城"。

美国内罗毕荒漠上风沙岩的怪异造型。

这是典型的雅丹地貌。"雅丹"在维吾尔语中的意思是"具有陡壁的小山包"。由于风的磨蚀作用,小山包的下部往往遭受较强的剥蚀,并在重力作用下形成陡壁。

那么,这神奇的"鬼城"是怎样形成的呢?原来,这里曾是一个巨大的岩石山,其岩层大多是古生代二叠纪的沉积岩层,已有2亿多年的历史了。它们由沉积岩一层又一层相叠而成,有的厚些,有的薄些;质地也不一样,有的结实,有的疏松。沙漠地区,干燥少雨,白天骄阳似火,把大地烤热;一到夜里,气温迅速下降。冷热变化剧烈,岩石热胀冷缩,天长日久,就会出现许多裂缝和孔道。而且当地正处在一个大风口处,常年遭到从中亚沙漠地区吹来的西北风的肆

"鬼城"气象万千，世界许多著名建筑都可以在这里找到其缩影，如天坛、布达拉宫、金字塔、狮身人面像等。

虐，风力最高时可达到12级，八九级大风更是常有的事。这样大的狂风裹挟着沙粒打在石头上，仿佛一把锋利的刻刀，对岩石雕磨打造，积年累月，最后终于变成了今天这个样子。

"鬼城"虽然杳无人烟，可并不平静。由于岩壁形状、大小和厚薄不同，在风的吹拂下，就会发出怪异的声音。微风吹来，如和谐的抒情曲；狂风大作，则变成了怒涛呼啸，使人毛骨悚然。

天下第一奇石

在中国福建省南端的东山岛上有块奇石,它有一间房那么大,高4.37米,长4.69米,重约200吨,宛如一只巨大的玉兔蹲在一块比它更大的石头上。因此,它赢得了"天下第一奇石"的美称,是东山岛八大胜景之一。

说它奇,除了块头大之外,更主要的还是一个"悬"字。它除了下部几十厘米见方的圆弧部分同下面的一块比较平坦

这就是那块"天下第一奇石"。大自然的鬼斧神工塑造了它的惊、奇、险,也让人们产生了无限的遐想。

津巴布韦栋博沙瓦的巨型平衡石,看起来它好像随时会倒,可是竖立在那里几千年了,仍安然无恙。

无独有偶,英国北部也有一块巨石摆在两块基石上,难道这是人工所为吗?

这是越南夏龙湾一处浅海海面的两块奇石,它们相对而立,这又是怎样形成的呢?

的石头接触外,几乎整个岩体都悬空而立,就仿佛一个身怀绝技的杂技演员。巨石身处东南沿海,饱受台风袭击,但除晃晃身子外,从未见其坠落,是个长寿的"不倒翁",因此人们又称它为"风动石"。如果你到此游览,身体仰卧,翘足蹬踹巨石,巨石便来回晃动,有摇摇欲坠之感,很是惊险刺激。

1918年2月3日,东山岛发生了罕见的7.5级大地震,地

海中的船形巨石,在水中的支点只有很小一部分。

动山摇,无数房屋倒塌,可这块巨石只晃了几晃,竟安然无恙。据说,抗日战争时期,日军用钢丝绳将风动石捆住,与日舰"大和丸"连在一起,当"大和丸"开足马力企图拉动它时,随着"嘣嘣"几声巨响,钢丝绳断成了几截,而风动石依然在原地未动。

也许有人要问,风动石是怎样形成的呢?地质学家经过实地考察发现,风动石和它下面的大石都属于花岗岩,根据岩石节理发育的特点判断,二者原来是一个整体,由于长期的风化和海蚀,才使它们分了家。类似的风动石在福建沿海地区并不少见,如泉州风动石、平潭风动石等。福建沿海地区的风动石都是由花岗岩形成的。花岗岩虽然很硬,但在长期的风吹、日晒、水冲等的作用下,会层层脱皮,地质学家把这种自然现象称为球形风化。

那么,风动石为什么摇而不倒呢?科学家们经过分析认为,它之所以能摇而不倒,与其形状有着很大的关系。它上面小,下面大,重心很低,即使遇风摇晃不定,通过重心的垂线,也始终在它与下面石头的接触面内,故任凭狂风呼啸,它仍安然不倒。其摇而不倒的原因同"不倒翁"很相似。

奇异的"海火"

1933年3月3日凌晨，日本三陆海啸发生时，人们看到了奇异的"海火"。当波浪从釜石湾口附近的灯塔向海湾中央涌进时，浪头底部出现了三四个草帽似的圆形发光物，它们并排着前进，色泽青紫，像探照灯一样照向四面八方，使人可以清楚地看到随波逐流的破船碎块。片刻之后，互相撞击

海水可以发光，大地也可以发光。地光，作为地震前常见的自然现象，在《诗经》里就有记载。近代我国发生的海城、邢台、唐山、松潘等大地震中，屡有地光出现，其形状有闪电状、朦胧弥漫状、条带状、柱状、信号弹状、散弹状和火球状等。图中耀眼光亮即为震前出现的地光。

的浪花又把这圆形发光物搅碎，随之它们就不见了。

1975年9月2日傍晚，在江苏省近海朗家沙一带，海面上发出微弱的亮光，它们随着波浪的起伏跳跃，像燃烧的火焰那样翻腾不息，一直到天亮才逐渐消失。第二天夜晚，亮光再次出现，而且亮度更强。以后亮度逐日加强，到第七天，有人发现海面上出现了很多泡沫，当渔船驶过时，激起的水流明亮异常，如同灯光照耀一般，水中还有珍珠般闪闪发光的颗粒。几个小时以后，这里发生了一次地震。

1976年7月28日唐山大地震的前一天晚上，人们也曾在秦皇岛、北戴河一带的海面上看到过这种发光现象。其中在秦皇岛，人们看到当时海中有一条火龙似的明亮光带。

对于这种海水发光现象，人们称之为"海火"。"海火"常常出现在地震或海啸发生前后。"海火"是怎么产生的呢？一般认为，这与海里的发光物有关。海里会发光的生物种类繁多，除甲藻外，许多细菌以及水螅、水母、鞭毛虫等也都能发光，一些甲壳类、多毛类小动物也都具有一定的发光能力。因此人们猜测，当海水受到地震或海啸的剧烈震荡时，便会刺激这些生物，使它们发出异常的亮光——"海火"。

美国科学家曾对圆柱形的花岗岩、玄武岩、煤、大理石等多种岩石进行压缩破裂实验。结果发现，当压力足够大时，这些岩石便会爆炸性地破裂，并在几毫秒内释放出一股电子流。这股电子流，能激发周围的气体分子发出微弱的光亮。尽管这种光亮是非常微弱的，但当强烈地震发生时，广泛出现的岩石破裂，足以产生炫目的光亮。因此他们猜测，某些"海火"的产生与此有关。

还有一些人认为，海水发光作为一种复杂的自然现象，生物发光和岩石爆裂发光只是其中的两种可能，除此之外，还可能有其他的原因，如此说来，海水发光仍旧是个谜。

海藻奇观

巨藻是海藻的一种，最长的超过33米，是世界上最大的海洋植物。它一般蔓延滋生在海中礁石的表面上，从海底到洋面，茂密繁盛，绵延不断。

英国著名科学家查尔斯·达尔文在那次乘坐"小猎犬号"轮船进行的著名的航海考察中，第一次看到巨藻群落后，感到非常惊讶，他这样写道："那些依赖巨藻生存的所有种类的水生动物，它们的数量大得惊人。我只能将这里的水下世

马尾藻海是船舶的"死亡之海"，船只陷入其中便不能自拔。海面上漂浮的植物主要由马尾藻和海冬青组成，以大"木筏"的形式漂浮在大洋中，它们可以通过分裂成小片，然后再继续独立生长的方式蔓延开来。

马尾藻海是裸臀鱼的栖息地,平时它隐藏在马尾藻中,伺机进攻其他的鱼类。

界比作陆地上的热带雨林。"事实上,将巨藻比作热带雨林毫不过分。因为许多像鱼类、小的无脊椎动物这样的物种,往往把巨藻这一庞大的立体结构当成隐蔽所,用以躲避天敌和湍急的水流。而其他物种,如海胆和鲍鱼等,则将巨藻作为主要食物。同时,藻林中这些海洋生物也吸引着其他物种,

马尾藻海表面看上去风平浪静,很少有人能意识到这平静背后的凶险。

如海洋鸟类、海豹、海狮和海獭等。这里是它们能够轻易觅食的地方。

作为一种植物，巨藻的组成并不复杂，它的基部是根状结构，被称作固着器。和根不同，它不是专门用来汲取养分的。它的主要作用犹如船锚，将巨藻固着于海底。

固着器的顶端连接一个茎状的柄，这是巨藻的主干。在这根主干上生长着无数植物体，就像一条条绳索一样。在每个植物体上都长满无数的褶皱状的叶子。在叶子的底部，也就是依附于柄的那一端，是一个充满气体的漂浮物。气体的主要成分是一氧化碳。巨藻是世界上生长最快的植物，其植物体和叶子每天可以长30厘米。

马尾藻也是一种常见的海藻，可是外形与众不同，呈自由漂浮的大团块状，像一个漂浮在海里的大海绵。在北纬20°～40°，西经35°～75°的北大西洋中，有一块面积达几百万平方千米的海区，那里布满了绿色的马尾藻，这个海区也因此被称作马尾藻海。远远望去，它好像一个茫茫无际的海上大草原。

马尾藻海被水手们称为"魔海"、"死亡之海"。它为什么会有这样一个可怕的称谓呢？原来，在航运和通讯技术不发达的古代，常有船只贸然闯入马尾藻海，被大量的马尾藻紧紧缠住，最后被活活困死。1492年8月3日，意大利航海家哥伦布率领的一支船队，就曾在马尾藻海上遇险，经过了整整3个星期的艰难航行，才侥幸摆脱了危险。

和其他海藻一样，在马尾藻周围也活跃着很多生物，其中最奇特的要算马尾藻鱼。它的颜色与马尾藻相仿，当它穿梭在马尾藻丛中时，一般人很难发现它。此外，它还有一个特殊的御敌本领——吞下大量海水，把身体鼓得大大的，使"敌人"不明所以，望而生畏。

喷冰的火山

人们对火山喷发的景象并不陌生,在电视上,人们常会看到浓烟滚滚、奔涌的岩浆吞噬一切的可怕景象,可是很少有人听说过能喷出冰块的火山。然而在冰岛这个12%的土地为冰雪覆盖的国家,却曾经上演过火山喷冰的奇异的一幕。

1984年10月,冰岛南部的格里斯维特火山又一次喷发了,可它喷出的不是熔岩、火山灰和蒸汽,而是无数透明的冰块。这种喷射冰块的现象持续了两个星期。每秒喷发出来的冰块

格里斯维特火山鸟瞰。

约有42立方米,在喷射最剧烈的时候,每秒可喷射出2000立方米的冰块。这次火山喷发喷出的冰块总量有几千万立方米,结果在火山周围覆盖了厚厚一层冰。

常言说:"水火不相容。"火山为什么会喷冰呢?

原来,冰岛是地球上火山活动比较频繁的地区之一,全国有300座火山,至今还有30座火山在活动着,地震更是频频发生。同时,冰岛的很多地方常年为冰雪覆盖,雪峰、冰川又多簇拥在火山口附近。在这个冰与火的国度,一边是随时可能爆发的火山,一边是冰天雪地。

冰岛靠近北极圈,沿海地区有暖流经过,气候温暖湿润;而内陆山地则气候寒冷,许多山峰被冰川覆盖,那些被岩浆堵塞的火山口也充塞着冰块。当格里斯维特火山爆发时,必然先将积聚在火山口的冰块喷出。冰岛的火山活动虽然频繁,却比较温和,火山喷发出的气体将来不及融化的冰块接二连三地抛到空中,就形成了火山喷冰的奇观异景。

1984年9月,美国夏威夷的一座火山喷出的熔岩达到450米高。

墨西哥一座名为"火的火山"喷发,熔岩从火山口涌出,喷发时间达20分钟。

能喊会唱的沙子

在离美国夏威夷群岛的檀香山约120千米的考爱岛中部,有一片长800米、高18米的海滨沙丘,雪白晶莹的沙粒中夹杂着珊瑚、贝壳、熔岩颗粒。如果在沙子上漫步或抓一把沙子在掌中摩擦,就会听到狗叫一样"汪汪"的声音。随着沙子的温度、干湿度及摩擦力强弱的不同,发出的声音也不一样。如果沙子特别干,则隆隆如闷雷声,天气越干燥,声音就越大。

日本京都府北面丹后平岛海滨浴场上有两个沙滩,一处

夏威夷考爱岛上的沙子会发出鸣叫声。

鸣沙山如今已经成为很多人向往的风景名胜之地。

叫琴引滨，人们脚踏沙滩时，它发出的声音仿佛悦耳的琴声；另一处叫击鼓滨，人们脚踏沙滩时，它发出的声音犹如咚咚的鼓声。这两个沙滩发出的"乐声"虽然不同，但是"乐声"响亮与否都随着季节变化而有差异：春天的"乐声"响亮，到了夏天则变成微弱的低音了。

"能喊会唱"的沙丘在沙漠地带也有很多，一般人们称之为鸣沙山。仅我国，到目前为止就发现了7座鸣沙山，其中新疆有4座：哈巴河县鸣沙山高约100米，沙子从上向下流时便发出响亮的嗡嗡声；巴里坤县鸣沙山，用手指在沙上轻轻一刨，便会发出清脆悠扬的响声，据说这座鸣沙山常发出战鼓声、军号声、厮杀声和音乐声；木垒县的鸣沙山风吹沙鸣，经久不息，风大声也大，风停声不停；准噶尔鸣沙山发出的声音像飞机轰鸣，像惊涛拍岸，响声震耳。内蒙古有座鸣沙山，高62米，人从山顶下滑，发出的声音像汽车在奔

关于沙漠"唱歌"奇观有各种解释，土著人认为这声音是沙丘大力神的笑声，他会用唱歌来逗弄那些因恐惧和口渴而心慌意乱的旅行者。其实这是少数几颗沙粒的运动引发的一种沙崩现象，导致所谓"唱歌"的极响的噪声，是沙粒互相摩擦的结果。

非洲北部的撒哈拉沙漠,是世界上最大的沙漠,东西长5600多千米,南北宽2000多千米,面积达860万平方千米。这里雨量稀少,气候炎热干燥,把鸡蛋埋在沙漠中很快就会烤熟。一眼望去,满目尽是黄沙、砾石、沙丘和石堆。据考察,在远古时代,这里的气候温暖湿润,曾经是一个牛羊成群的绿洲,出现过新石器文明。

驰,像飞机在上空盘旋,像钟声回荡,还能发出"哇哇"的呼叫。

自然环境的改变能使鸣沙山发生变化。宁夏的沙坡头鸣沙山在黄河岸边,这里的沙漠现已披上绿装,鸣沙山已不再欢唱。

最有名的鸣沙山在甘肃敦煌。据史书记载,天空晴朗时,它能发出管弦乐般的响声;人若登上山顶像滑滑梯那样躺在沙坡上向下滑,它便发出春雷般的声音。

不过,沙漠里的鸣沙山和海边的鸣沙山也是有区别的。前者只在白天和刮风的时候才"唱","歌声"较低沉;后者只在雨后沙子表层刚干燥时才"唱","歌声"较尖细。

那么,鸣沙山为什么会发声呢?研究者认为,在沙漠里,会发声的沙丘大都在高而陡、向阳的月牙形的背风坡上,山

沙漠中的胡杨树。

脚下有水渗出，或者有地下水在流动。由于沙子的成分、粗细、干湿、大小和表面光洁度都不同，那些干燥而含有坚硬的石英颗粒的沙子，在太阳蒸晒下，沙粒间的空气不断进进出出，在外力推动下滑时，产生摩擦，就发出声音来。而石英晶体对压力十分敏感，受到挤压时，会产生电荷，发出新的振动，在这种连锁反应下，"歌声"就越来越大了。最近，人们又发现会"唱歌"的沙丘同天然的"共鸣箱"有关。在响沙的背风坡脚下，都有地下水分布，由于沙漠里气候干燥，蒸发旺盛，在地下形成一堵瞧不见的蒸汽墙，或一层冷气流，而在高大的月牙形背风坡向阳的山脊线上，却是一个热气层，它们一起组成了一个"共鸣箱"。当沙丘被风吹动，或在人畜搅动下，就发出各种不同频率的"歌声"；如果有种频率能在"共鸣箱"引起共鸣，就会使沙丘的"歌声"变大，声音被蒸汽墙等反射回来，音量相互叠加，顿时变成轰响。

而海滨的鸣沙山会发声，则是因为沙子被海水、雨水浸湿后，在缓慢的蒸发过程中，附在其表面的薄空气层因沙子的振幅不同而发出不同的声音。

奇异的悬空彩带

1957年3月2日晚19时左右，我国黑龙江沿岸的漠河到呼玛一带上空，出现了少见的极光。当时人们看见一簇红彤彤的霞光，像一条火红的飞龙腾空而起，把整个北方天空照得血红，眨眼之间，它又变成一条五彩缤纷的弧形光带，向南方延伸而去，尔后颜色逐渐变淡，最终完全消失。

就在同一天晚上，我国新疆的阿勒泰一带的天空上也出现了鲜艳的红光，随后又出现了很多银白色的光带。这些光带一边慢慢移动，一边延伸，原来红色的光幕也逐渐变淡成为淡红色。之后光带逐渐变暗，3个小时后完全消失不见了。

1989年3月13日晚上，从英国的伦敦到中美洲的洪都拉斯，人们发现有一道火红的光幔，裹着淡绿色的彩边，拖着腰带般的流光，像鬼魅似的在浩瀚的夜空中飘动飞舞，大西洋两岸的数千万人翘首凝望这奇异的自然景观，惊叹不已。

上边提到的这奇异壮观的景象，就是著名的"极光"。在南极和北极附近地区，夜间的天空上经常会出现极光，有时候一年中竟可以出现几十次之多。极光刚出现的时候，只是一条中等亮度的光弧，长度一般为数百千米，最长的可达几千千米，而宽度只有十几千米到几十千米。几小时之后，光弧的亮度逐渐增强，并且以每秒几十千米的速度快速移动，其形状也不断发生变化。但美丽的极光存在的时间很短，一般只有几分钟，在它彻底消失之前，人们看到的是一大片微

瑰丽壮观的北极光。

微发亮的天空上点缀着一个个并不耀眼的光斑。

很早以前，人类对极光就有记载。古代芬兰人称它为狐火，他们认为狐火的出现，是因为有一只皮毛闪亮的狐狸在北部的高山上奔跑。对维克人来说，北极光则是那些把战士的亡魂送往英灵殿的战神手中所执的盾。公元37年，罗马军队看到天边的夜空中红光闪烁，以为是他们北方的一个港口发生大火，于是立刻赶去扑救，其实他们看到的是极光。通常，人们都把极光当作不吉利的凶兆。

那么极光是怎样形成的呢？科学家们经过多年探索，基本找到了答案：极光的出现，与太阳风暴有关，它是太阳风暴与地球磁场相互作用的结果。

每当太阳黑子剧烈活动时，太阳就会释放出大量的热气体、辐射和能，伴随着因非常光亮而被称为太阳耀斑的巨大爆炸，并且导致猛烈的太阳风暴的形成。太阳风暴席卷整个太阳系，当它以极高的速度冲入离地球80千米至1000千米的高空时，它里面的带电微粒群就会与那里的非常稀薄的各种气体分子发生猛烈碰撞，并产生强烈的放电发光现象，这样，壮观的景象——极光就出现了。

极光为什么只在南北两极附近出现，而不在其他地区出现？答案很简单：这是地球磁场作用的结果。地球自身是个

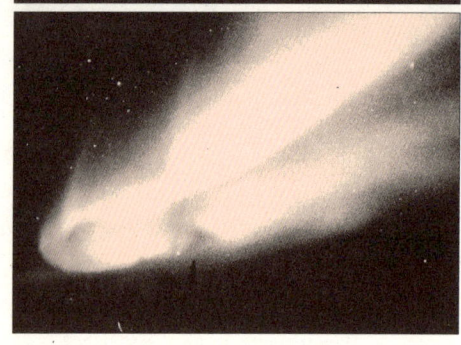

2003年10月29日，美国阿拉斯加州安克雷奇的东北部山脉上空出现的美丽的极光。

大磁场，其磁极是在南北两极。因此，来自太阳的带电风暴总是偏向南北两极活动，极光也就常在那儿出现。

为什么极光的色彩会有种种变化？原因是，地球高空处的气体分子是多种多样的，不同的气体分子与带电粒子作用时，会产生不同颜色的光，比如，氖气分子发红光，氩气分子发蓝光，氧气分子发绿光或白光……不同的色彩交织起来，使得极光犹如彩虹一样五彩缤纷、奇幻迷人。

行踪飘忽的球状闪电

闪电按照形状和特征可分为线形闪电、带状闪电、火箭状闪电和球状闪电四种。最常见的是线形闪电,球状闪电一般不太常见。

球状闪电外观呈球形,个别的还带有"触角"和"尾巴",直径小至几厘米,大到近10米,一般是10~20厘米,呈白、红、橙、黄等颜色,通常在强雷暴发生时出现,从产生到消失一般只有几秒钟到几分钟,其间亮度、形状、大小基本不变。

球状闪电有一种特殊的本领——见缝就钻,无孔不入,可以顺着烟囱或门窗缝隙钻入室内。它一般沿水平方向运动,速度为2米/秒左右,个别的在运动中还会旋转,并发

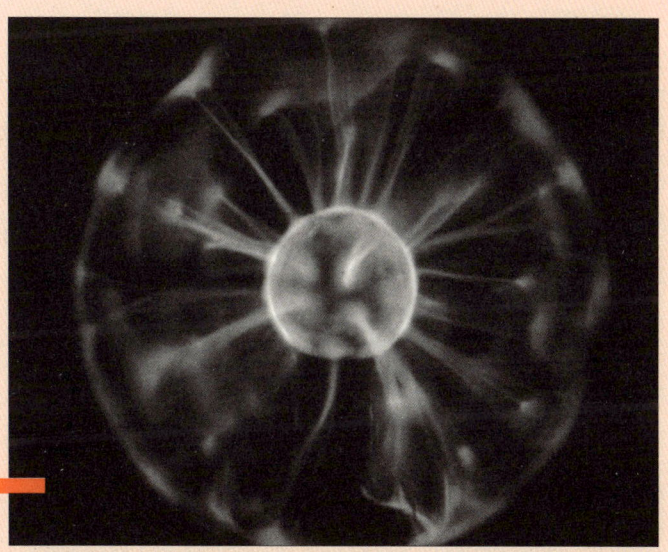

可怕的球状闪电,是飞机的克星。

苏联著名物理学家、1978年诺贝尔物理学奖获得者卡皮察对球状闪电有很深入的研究。

出呼啸声。有时能停留在半空中不动或由空中向地面降落。消失时常伴有爆炸，发出巨响。爆炸时空气发生化学反应产生一氧化碳和臭氧，发出刺鼻的气味。

世界各国关于球状闪电的记载很多，在我国就有多起。

1956年，在大雨倾盆的时候，一个球状闪电闯进了我国东北的一个农户的农舍里，连续撞倒几人，一人毙命，七人被烧伤。

1981年7月24日的晚上，在上海高桥车站花圃，随着一声惊雷，突然有两个罕见的橙色球状闪电发出刺耳的呼啸声，从云中滚滚而下，当落到花圃中时，两个火球相撞，发出轰然巨响，耀眼的光亮把周围照得如同白昼。

1984年7月4日下午2时，广州白云机场调度室集体宿舍的洗澡间里突然出现了一个火球。火球所到之处，地面积水顿时干涸。当时有一位机场职工在场，幸好没有受伤。

1946年12月的一个冬日，一架苏联飞机从遥远的北极地带完成侦察任务后返回。飞机在1200米的高空平稳地飞行。突然，驾驶舱中出现了一个耀眼的白色球体，它沿左壁向驾驶员阿库拉托夫飘过来，在离他面部约半米的地方晃动着，并停滞了一下。据阿库拉托夫事后说："当时我没有产生热的感觉，但头的上部有明显的轻微刺痛感。"接着，球状闪电变成绿色，朝无线电室飘去。它在报务员座位下滚动之后，发生爆炸，发出巨响。座位的金属脚被烧红起火。幸好报务员没有受伤。

1981年，一架苏联客机在黑海上空飞行时，一个火球闯进驾驶舱，爆炸后分成两部分，然后又合并在一起离去。结果飞机头部和尾部各被炸出一个窟窿。

球状闪电具有很强的破坏力。20世纪70年代的一天，在苏联的哈巴罗夫斯克，一个球状闪电飞进一个盛有7000千克水的容器中。过了10秒钟，水开了，而且沸腾了10分钟，直到跳入水中的火球熄灭为止。科学家们测算，这个球状闪电的能量相当于2000千克的硝基甲苯(TNT炸药)。

那么，球状闪电的巨大能量来自哪里呢？早在20世纪50年代，苏联著名物理学家、诺贝尔物理学奖获得者彼得·卡皮察就曾提出过这样的看法：球状闪电是由带电离子和自由

这样的闪电是不是颇具魔幻色彩？

电子组成的等离子体凝结块，它的能量由电磁波提供，电磁波产生于一般线形闪电中。卡皮察的设想在实验室中也得到了证实。

对于球状闪电的各种特性，科学家们做出如下解释：产生强烈的爆炸是因为等离子体凝结块在分裂时已从大气中吸收了大量能量。至于它的颜色，则取决于空气中存在的各种物质。譬如说，缺氧和负粒子就呈现天蓝色，缺氧呈粉红色，缺水蒸气和尘埃呈黄色。

除了球状闪电外，还有一种由多个"球"串起来的联珠闪电，当它出现时，好像是从天空向地面发射的一连串信号弹。

1916年5月8日，在德国德累斯顿市一个钟楼上空，一个线形闪电突然从云底伸下来，击中钟楼；接着闪电的轨迹变宽，颜色由白色变为黄色，并且逐渐变暗，由于变暗的时间不同，明亮的地方就形成了一串珍珠般的亮点，从云底垂挂下来，美丽动人。人们看到，亮珠约有32颗，每颗亮珠相隔约5米，之间隐约可见一条线，这条线把亮珠连成一串。随后，亮珠逐渐缩小变圆，亮度越来越暗，最后完全熄灭了。由于联珠闪电很少见，出现的时间也短，人们对它的成因还不很清楚。

布劳甘幽灵

德国哈茨山脉的布劳甘山常常会出现一种奇怪的光象，一些迷信的当地人认为那是山中的"幽灵"在活动，因此称之为"布劳甘幽灵"。

一天早上，两名登山者登上布劳甘山山顶，这时，"布劳甘幽灵"出现了。只见在云层背景中现出了两个庞大的人影，四周还围绕着巨大的彩虹光环。正在这时，有个登山者的帽子被刮起，他急忙举手抓住帽子，那两个人影中的一个也立刻模仿他的动作。

类似的景象在世界其他地方也有发生。在我国的峨眉山的金顶峰上，也可以看到这种光象，当地人称之为"佛光"。在冬季的早晨或傍晚，如果金顶峰上一片晴空，人们面向舍身崖，背对着阳光，就能看到"佛光"。有时阳光强烈，看到

在德国布劳甘山经常可以看到一些特殊的光象。

的是一个巨大的呈现红、橙、黄、绿、蓝、靛、紫七色彩虹样的光环；有时阳光较弱，看到的只是几道彩环，层次模糊。人们站在金顶峰上，有时人影也投进光环中。几个人在一起，就出现几个人的像；你举手挥动，人影也跟着挥手；你脱帽，人影也跟着脱帽。

陕西华山也经常会出现"佛光"。每当云雾缭绕的时候，在华山顶峰举目远眺，人们往往会惊奇地看见"佛光"闪现——天空中突然出现一个七彩的光圈，一层环一层，共有三层，最里面一层色彩最鲜艳。彩环中还有人影，人在峰顶摇头、举手，彩环中的人影也跟着摇头、举手。"佛光"一般在几分钟后消失，以后又会连续出现一二次。

这种奇异的光象当然跟"幽灵"和"佛"没有任何关系。它的形成除了必要的条件——太阳光以外，在观察者的前面还得有茫茫云海或浓浓的云雾。当太阳光透过水滴或雾粒时，它们像个球面镜，使太阳光发生反射和折射，形成一个巨大的彩色光环。这种光象的大小和出现时间的长短，同水雾颗粒大小和太阳光是否被云雾遮掩有关。水滴越小，光环越大；水滴越大，光环越小。这种光象一遇上浮云掩日，就会立即消失；而当云散日出，又会再度出现。

2005年6月26日，在新疆喀纳斯湖上空突现难得一见的"佛光"现象。据目击者介绍，当日晚19时左右，在喀纳斯湖二道湾上空出现了一个美丽的七彩光环，直径数十米，甚为壮观。

海市蜃楼和空中楼阁

　　海市蜃楼和空中楼阁是两个成语，常被用来比喻虚无缥缈、不切实际的事情。其实，海市蜃楼和空中楼阁都是美丽而神奇的自然现象。

　　提到海市蜃楼，许多人都会想到山东的蓬莱。在蓬莱阁附近海面上，常会出现一种虚幻的奇景——亭台楼阁鳞次栉比，人群熙熙攘攘，车水马龙，一派繁华景象，因此有"蓬莱仙境"的美称。

　　1988年6月1日这一天，海市蜃楼在蓬莱阁附近再次出现。只见宽阔的海面上，横着一条乳白色的雾带，先是大、小竹山两个岛屿涌起一团橙黄色的彩云，它们不断变幻升腾，一会儿像金凤摆尾，一会儿又似仙女游春，幻影绰约；接着南长山列岛在雾纱中渐渐隐去，人们眼前出现的是一个神秘

沙漠中突然显现出海浪的幻影。

在大海上空显现出伊斯兰教堂的影像，让人们惊讶万分。

的新岛。新岛之上，云崖天岭，幽谷曲径，时隐时现，若即若离。

海市蜃楼奇景在世界其他地方也时有出现。20世纪30年代的一天，一艘从欧洲驶往美国的轮船行驶在大西洋上，船上的水手突然发现一艘古老的帆船，正扬着巨帆迎面驶来。船长看到它越来越近，立即命令水手改变航向。谁知就在两船快要相撞的危急时刻，那艘船却一闪而过。这时候，几百名乘客清楚地看到，这是一艘古代荷兰帆船，船上站着一些身着古装的人，正高举手臂像在呼救似的。其实这不过是海市蜃楼与人们开的一个玩笑而已——一个电影摄制组，正在远方的海面上拍摄古装电影。

类似于海市蜃楼的"空中楼阁"，在沙漠上也经常出现。19世纪，一支法国军队在非洲遇到一件奇怪的事情。队伍在沙漠地带行进时，前面突然出现了一支浩浩荡荡的"阿拉伯军队"，法国人非常紧张，以为是敌军来袭。法军指挥官只得下令停止行军，派出侦察兵前去侦察。当侦察兵走了几千米后，发现那里有一群红鹤在沙地上鱼贯而行。侦察兵的走近，惊走了红鹤，这时展现在人们的眼前的却是另一番奇

美国探险家皮尔里在北极曾经目睹了蜃景奇观。

景:一个身材高大的武士正坐在一只几米高的怪兽背上,在一个大湖上行进着。

20世纪80年代,人们曾经在叙利亚沙漠地区见到更令人惊讶的奇观:一天,一阵急雨过后,一弯彩虹高悬天际,那五色斑斓的虹影下面隐现出一座城市,蓝色的湖水,绿色的树木,白色的房屋……过了很久,那景致才渐渐地消失得无影无踪。

也许人们想不到,类似的蜃景奇观在寒冷的南极和北极也会出现。20世纪初,美国探险家皮尔里在北极发现了一座大山,取名叫"克拉寇兰山"。一些探险家按照他的描述跟踪而来,可是在他说的那个地方却没有找到这座大山。后来,终于在皮尔里所说的地点以西370千米处"发现"了"克拉寇兰山"。人们停船抛锚,在冰上徒步行走。当他们向大山行进时,只见那山渐渐后退;他们停步不走,那山也不动;再向前行，山又向后退。他们鼓起勇气大胆往前走，终于进入一个三面环山的谷地。当落日的余晖散去，高山也无影无踪了，周围却是一片广阔无际的冰原。

在南极出现这种蜃景奇观的机会就更多了。20世纪70年代的一天，一名美国科学家在离南极营地几千米的冰礁上测量时，突然发现营地帐篷方向有许多高楼大厦，一座城市巍然耸立在眼前。接着，一片白云在太阳前面飘过，风向随之稍有改变，转瞬间，城市消失了，眼前依然是一片空旷的雪地。

那么，上述这些蜃景奇观是怎样产生的呢？其实，所有这些蜃景奇观都是一种光学现象，是光线在不同密度的空气中发生折射和全反射的结果。以海市蜃楼为例：在夏季，海面的上层空气被太阳晒得很热，空气密度很小，而贴近海面的空气受海水的影响变得较冷，空气密度较大，于是就出现了上层空气暖而稀，下层空气凉而密的差异。当光线穿越两层密度和温度相差悬殊的空气时，在平直的海岸或海面上，就可以看到地平线下平时看不到的岛屿、帆船、人群和风景了。这是因为，岛屿等虽然位于地平线之下，但由于岛屿等反射出的光线，先由密度大的空气层射向密度小的空气层，在分界面上发生全反射，又折回到下层密度大的空气层中。上层密度小的空气就像一面镜子，使远处的物体形象经折射后投进人们的眼中。

有时，在微风的吹拂下，空气层发生变化，因此海市蜃楼影像时隐时现，更显得富有奇幻色彩。而大风吹来的时候，上下层空气混合搅动，上下层空气的密度差异减小了，幻影也就消失了。

龙卷风创造的"奇迹"

龙卷风是一种可怕的风暴，其行迹神出鬼没，来去匆匆。

龙卷风可以分水龙卷、陆龙卷、尘龙卷、火龙卷等多种，其中以水龙卷最为凶恶，陆龙卷、火龙卷的危害也很大。

世界上水龙卷出现最多的地方是美国墨西哥湾沿岸地区，尤其是在佛罗里达半岛以南的海面上。有一位飞行员在45分钟的空中飞行中，在这一带目睹了一条积雨云带上共发生了9个龙卷，还看到其中五六个水龙卷同时并存的空中奇景。

龙卷风外貌奇特，它上部是一块乌黑或浓灰的积雨云，下部是下垂着的形如大象鼻子的漏斗状云柱，具有小、快、猛、短的特点。水龙卷直径25～100米，陆龙卷直径100～1000米。其风速到底有多大，科学家没有直接用仪器测量过，但根据龙卷风在其所经过的区域内做的"功"来推算，风速一般达每秒50～100米，有时可达每秒300米，超过音速。它像一个巨大的吸尘器，经过地面，地面上的一切都会被卷走；经过水库、河流，常卷起冲天水柱，有时连水库、河流的底部都露了出来。同时，龙卷风又是短命的，往往只经过几分钟或几十分钟，最多几小时，移动几十米到十几千米，便"寿终正寝"了。

龙卷风是怎样形成的呢？龙卷风大都发生在大陆沿海一带和海岛上，主要是由于在阳光强烈的照射下，地表受热不均匀，引起空气上下强烈对流。如果上升的空气中含水汽较多，到高空往往发展成强烈的雷雨云，这种云的顶部和底层，温度悬殊，云底不到10℃，云顶在-30℃以上。因此，在雷雨云中，冷空气急速下降，热空气猛烈上升，上下层空气交替扰动，形成许多小旋涡，逐渐旋转扩大，最后形成一个漏斗状的、迅速旋转的龙卷风。如果地面上是一个低气压区，四周的空气上升，为龙卷风增添动力，它就变得更加强大了。

龙卷风威力巨大，下面几件"奇迹"都是龙卷风的杰作。

在美国的俄克拉何马州曾发生过这样一件怪事。两匹马拖着一辆大车，车夫坐在车上，由于天气闷热，他打起瞌睡来了。一声巨响把他从昏睡中惊醒过来。他用双手擦擦眼睛，

这是一张珍贵的龙卷风照片。龙卷风和台风都是强大的自然力量，所经之处，一切都被毁灭了。

定睛一看：两匹马和一根车辕无影无踪了。再看看车子的其他部分，却是安然无恙。如果不是失去了马和车辕，就好像什么事也不曾发生过。

在美国的内布拉斯加州也有过类似情况。一个农妇手里挤着牛奶，心里在盘算着其他事情。正在这个时候，随着"轰隆"一声巨响，奶牛连同牛棚统统不见了。农妇弄不清楚这是怎么一回事，呆坐在凳子上，不知所措地两眼盯着放在脚边的那只牛奶桶，直到邻居闻声赶来才使她清醒过来。

俄克拉何马州的一对夫妇也遭到了这种厄运。在1950年的一个晴朗的夏日，他们躺在床上休息。一声刺耳的巨响赶走了睡神。他们俩起来看了一看，以为这声音是梦中听到的，于是又重新躺了下来。这时，他们忽然发现自己的床已被弄到荒无人烟的旷野，周围没有房子，没有任何建筑物，也没有牲畜，只有一只椅子还留在他们的旁边，折叠好的衣服仍好端端地摆在上面。眼前的一切让他们目瞪口呆！

超音速的龙卷风好像是个魔术师，它的表演更令人吃惊。美国圣路易斯在1896年发生过一次龙卷风，使一根松树棍轻易穿透了一块1厘米左右厚的钢板。1919年，发生在美国明尼苏达州的一次龙卷风，使一根细草茎刺穿了一块厚木板，而一片三叶草的叶子竟像模子一样，被深深嵌入泥墙中。

这是卫星拍摄的美国1984年第17号龙卷风风眼云图。

地球"奇雨"记录

龙卷风轰鸣着飞快地移动，搅动着大地和天空，它往往是"奇雨"的制造者。

　　下雨是一种人们常见的自然现象。世界各地的降雨量是不均匀的，有的地方下得多，有的地方下得少。世界绝对雨量最多的地方是印度东北部阿萨姆邦的一个村庄——乞拉朋齐。1960年8月到1961年7月，该村降雨量达26461.2毫米，创造了世界最高纪录。

　　有些地方虽然年降雨量不大，却经常下着雨。智利南部的巴希亚·菲利克斯，平均每年有325天在下雨。1961年更是创下了全年下雨348天的纪录。

　　有些地方频频下雨，可有些地方却终年无雨。智利北部的阿塔卡马沙漠，是世界最干旱的地方，被称做世界的"旱极"。到1971年为止，它已经有400多年没下过雨了。

　　1960年3月1日，法国南部的土伦地区降了一场"蛙雨"。青蛙和雨点从空中一起落下，有的青蛙被摔死，有的却安然无恙，到处乱爬乱跳，"呱呱"叫个不停。

　　法国西南部的布勒诺斯镇，曾下过一场龟雨。10万只小乌龟夹杂在暴雨中，落到地上。这些小乌龟一个个把身体缩在硬壳里，虽然从高空落下，却安然无恙。

　　在印度门德拉地区的比焦里村，下雨时，天上往往会掉下一些五颜六色带孔的珠子。当地居民把珠子收集起来，穿上绳子，当作念珠，并称其为"所罗门的念珠"。至于这些珠子从何而来，人们始终没有弄清楚。

　　印度尼西亚的土加贡地区每天都要下两场雨，一场在下午3点左右，一场在下午5点30分左右。当地一些学校就以此为标准，下第一场雨时为上学时间，下第二场雨时为放学时间。当地人称之为"报时雨"。

　　1974年2月，澳大利亚北部一地区随着大雨降下了150多条银汉鱼。

　　1977年9月，美国加利福尼亚州的路易斯·奥比斯堡，随着一场大雨降下了500多只死的和半死不活的乌鸦和鸽子。

　　据分析，以上这些"怪雨"，大多数都同龙卷风和台风有关。

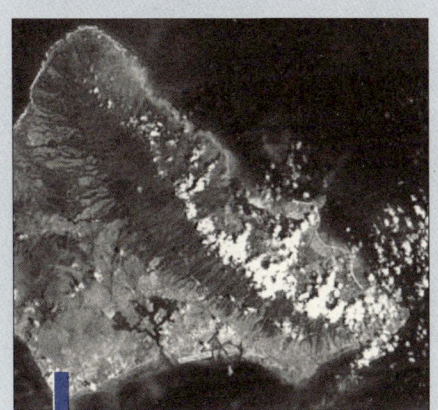

夏威夷的考爱岛上的怀厄莱阿莱山是世界上最多雨的地区之一，据统计，60年中年平均降雨达11280毫米。图为夏威夷的航拍照片。

台风过后令人惨不忍睹的一幕。

彩雪和怪雪之谜

雪原上某些奇异的造型往往让人叹为观止。

　　雪花在人们的印象中，一般多为白色。然而，调皮的大自然也常会用五颜六色的雪花来装点人间。每年的1月份，在北极都会出现"红花遍野"的景象。这里说的"红花"，不是指红色的花朵，而是指一种红色的雪花。北极不仅有红雪存在，还有黄雪、黑雪、绿雪等，在南极也有这种五彩缤纷的雪。此类怪雪中，以红雪较多见。200多年前，瑞士科学家本尼迪率领的一支科学探险队，在寒冷的北极，曾见过颜色像鲜血一样红的雪。1960年5月，我国登山运动员在珠穆朗玛峰顶，也发现过鲜艳的红雪。1962年3月下旬，苏联的奔萨山降下了许多黄中带红的雪花。1963年1月29日子夜，日本的福斗、石川和富山也下过红、黄、褐色混杂的彩雪。苏格兰曾经降过黑雪。在世界其他地方也发现过类似的情况。

1986年3月2日，南斯拉夫西部高山降了黄雪，那个地区叫"波波瓦沙普卡"，是一个有名的高山旅游胜地，海拔1788米，雪景绮丽多姿，经常有奇异的气候现象，但降黄雪在该地还从未有过。专家们解释说，这种黄雪是从遥远的撒哈拉沙漠吹来的强大的高压气流和冷风形成的。

可是，彩雪并不单单黄雪一种，其他颜色的雪是怎样形成的呢?一些专家认为，彩雪的颜色来源于一种单细胞构成的最简单的植物——原始冷蕨。这种冷蕨在极严寒的环境中繁殖得非常快，有红的、绿的、紫的等许多种。它们完全能够适应雪地反射的阳光，能够根据自身的需要选择所需的光线及其数量，来改变自己的颜色。比如，如果需要紫外线，它们就变成红色。它们的胚被风吹到雪上，过几个小时周围的冰雪就变得一片通红。关于这种植物细胞内部所发生的化学变化，人们至今还没弄清楚。科学家们对原始冷蕨的研究仍在继续进行，也许有朝一日，科学家们能揭开它的"构造"之谜。

在历史上曾出现过像碟子那么大的怪雪，其形状也与碟子相似，故人们把这种雪称为"雪碟"。

1887年，美国曾下过一场令人惊奇的雪。当天气温略高

舌状冰川外形酷似舌头。

于冰点，相对湿度饱和。刚开始降雪时，雪花并不太大，后来逐渐变大，每片雪花的直径从6.5厘米增至7厘米，最后达到9厘米。当时有人将采集到的这些"雪碟"每10个分为一组，称得每组的重量在1.1～1.4克之间，比通常的雪花重几百倍。同一年冬天，在美国西北部一个山区的农场附近，出现了更大的"雪碟"，每片雪花的直径竟达38厘米，厚达20厘米。

最具有代表性的"雪碟"现象，于1915年1月10日出现在德国柏林。每片雪花的直径约8～10厘米，像一般的碟子那么大，其形状也与碟子相似，边缘朝上翘着。它们从天空降下时比周围其他小雪花下落的速度快很多。在地面上的人看来，它们像无数白色的碟子般从天而降。这些"雪碟"落到地面上居然没有一个翻转过来，令观者感到无比惊奇。

为什么会突然出现特大的"雪碟"呢？很多科学家对这个自然界的奇妙现象进行过探讨和研究，做出了种种论断。有人猜测可能是一些较大的雪花在下落的过程中，由于速度快而将周围很多较小的雪花吸附、融合在一起，类似"滚雪球"那样逐渐变大，最后形成"雪碟"降落地面。

1894年5月11日下午，在美国的维克斯堡一带，降落了一场大冰雹，雹心不是由冷水滴与冰晶凝结成的，而是由一种雪花石膏块组成的。更令人惊奇的是：在该城以东十几千米的博文纳地区，也同样降下了一场大冰雹，其中有一个冰雹特别大，直径近20厘米。人们打碎这个冰雹，发现里面有一只大乌龟（这是美国南部穴居的一种可食用的乌龟），它被冰层紧紧包裹着，被禁锢在这个冰雹里面。据推测，这只乌龟可能是从地面借助龙卷风扶摇直上云霄的，在翻腾的云海里，有许多雪花附着在它的身上，体积越变越大，直至上升气流再也托不住它时，它便化作大冰雹降落到地面上了。

连理树奇观

在瑞士日内瓦橡树路旁有两株梧桐树,这两棵树原本是相邻而立,由于两树距离较近,相交的树枝因经常摩擦而蹭破树皮并分泌液体,结果使两树枝杈粘连,日久天长竟"相依为命",长成了奇特的连体树。

在我国安徽省铜陵县凤凰村前,有一棵树龄达700多年的水桦树。它在4米宽的小河两岸各长一干,在2.5米高处合为一体,被人们称为鸳鸯树。

在我国海南岛兴峰岭林区,有一棵高大的樟科植物刻节桢楠,它与一棵比较细小的橄榄树结成了鸳鸯树。在离地面

原始森林中的连理树。

这是一棵比较典型的连理树。

1.5米左右的地方，粗壮的刻节桢楠把橄榄树搂进自己的怀抱，到了7米以上，两棵大树的主干紧紧地贴在一起，简直不易分得出彼此了。

在浙江省遂昌县湖山乡奕山村，有一株阴阳树——樟抱松。远看它是一棵树，近看实为两棵树，树根相连，密不可分，当地人称其为"夫妻树"。樟树高30多米，树围2.5米；罗汉松高8米，树围90厘米。两树根部相连，树身至1米处分开。

在北京中山公园，也有一株奇树——说是一株，其实是两株：粗大的柏树干上有一裂缝，裂缝中又长出一株槐树来，两树合为一体，自然天成，奇妙无比，被取名为"槐柏合抱"，成为中山公园里一处有趣的植物景观。这两棵拥抱在一起同生同长的槐树和柏树，至少已经有300年的历史了。

在我国广西陆川县温泉乡盘龙村有一棵榕树和松树合为一体的奇特大树，高29米，树冠覆盖面积约200平方米。主干分枝处榕树干将松树干完全抱拢，松树干从榕树干腹心穿出仍往上生长，二树枝叶交错，十分壮观。

这是一个"人形何首乌"。

牵手情深。

植物的感觉与记忆

很多人认为，神经系统是人和动物的专利，只有人和动物才有感觉与记忆。可是科学家们发现，植物与人和动物在很多方面具有同样的功能。

与人和动物不同，植物对外界的嗅觉不是用鼻子，而是用身体的某个器官来感受的。如果说植物有鼻子，那也许指的是叶子，这就是为什么植物很容易被化学物质伤害的原因，特别是叶子。

植物的味觉非常细腻，它们知道自己喜欢"吃"点什么，爱"喝"点什么，这就是为什么有些地方寸草不生，有些地

生长在地中海沿岸的喷瓜，感觉特别敏锐，只要有人碰它一下，它就会喷射出一束带有黏液的种子，有时可以喷出10米之遥。

1999年在中国昆明世博会上展出的跳舞草,又被称为风流草,产于我国西南地区,是豆科多年生小灌木,其侧生小叶能进行明显转动,或做360°的大回环。

方却树木成林的原因。很多科学家就是利用植物的味觉来寻找矿藏的。例如,金刚石很可能就埋藏在赤杨丛生的地方;银莲花生长的地方很可能有镍矿;不毛之地也许藏有铂矿,因为它与任何植物都水火不相容。

植物的听觉"因人而异",换句话说,不同的植物对不同频率的声波反应不同。日本科学家发现,西红柿、黄瓜特别爱听日本的"雅乐",每当音乐响起的时候,这些植物的叶子舒展,叶面电流加快,生长迅速。美国科学家也发现,很多植物喜欢轻音乐,讨厌摇滚乐,有些植物长时间听摇滚乐后会慢慢地死去。

按照一般常识,植物发声是不可能的。最近,美国加州森林研究所的尼尔逊博士把一棵小松树移至室内,接上计算机测试仪后发现,小松树能发出微弱的超声波,他把这称为植物"说话"。有些植物缺水时会发出"咔哒咔哒"的声音,这种声音有点类似于哺乳动物鲸发出的叫声。

植物的视觉是指植物对光线的感受。如果用感受光线来衡量植物的视力,那么,植物叶面对光线的感受力最强,也就是视力最强。人们在生活中不难发现,植物向阳的一面,枝叶比较多;反之,枝叶较少。

英国科学家培育成功一种神奇的小麦,当它在生长发育过程中遭到细菌、寒冷或干旱等的侵害时,叶片会发出淡蓝

原任美国中央情报局官员的巴克斯特博士,将测谎器中的记录装置应用在植物研究上。图为他正在测试装有电极的天竺葵。

色的光芒,以向人"诉苦"。

含羞草具有复杂的神经系统。当人触动含羞草的一片叶子时,其他叶子就会卷合起来。这种反应不是一种简单的化学反应,而是基于电脉冲的一种反应。

科学家们还发现,植物的嫩芽里还有引力探测器,能对引力做出反应。当这种引力探测器被割掉后,植物向上生长的能力就会遭到破坏。

美国的测谎专家巴克斯特有一天突发奇想,在植物叶子上接上了一个测谎器的电极。

为了证明植物具有记忆力,巴克斯特将两棵植物并排放入一间屋内,然后让六个人穿着一样的服装,戴着面罩,从植物前面走过,其中一个人将植物毁坏。之后,再让他们从植物前面走过,当那个毁坏植物的人经过时,记录纸上出现了强烈反应的记录。

植物何以有如此灵敏的神经系统和复杂的反应行为?科学家解释,这是一种名叫茉莉酮酸的化学物质在起作用。当植物受到外界刺激时,会产生一种激素,这种激素把植物体内的亚麻酸转化成为茉莉酮酸,这是一种类似动物体内的前列腺素的化学物质,具有止痛和平息情绪的功效。茉莉酮酸挥发出去,还可以作为植物间互相联络的信号。

奇妙的"黑眼睛星云"

在后发星座中部的一群亮星的下方有一个由三颗5等星（后发座23、20和26）组成的等边三角形，在最东边后发座26的东3°处是后发座35，在其东北1°处就是M64，它被称为"黑眼睛星云"。

德国天文学家波德于1779年首先发现了这个天体，称它为"一颗小小的尘雾状星体，位于后发座35东北约1°处"。第二个发现"黑眼睛星云"的是法国天文学家梅西耶，他于1780年指出："在后发座中所发现的星云，我已在1779年彗星星图上记下了它的位置。"德国天文学家达瑞斯特观测M64后，认为它"美丽、巨大、呈椭圆形，其中心出乎意料的亮"。英国的史密斯则这样记载："一个显而易见的云雾状

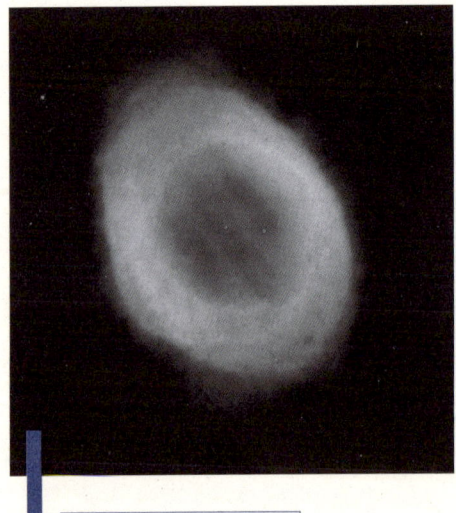

环状星云炽热的气体环。

"黑眼睛星云"。

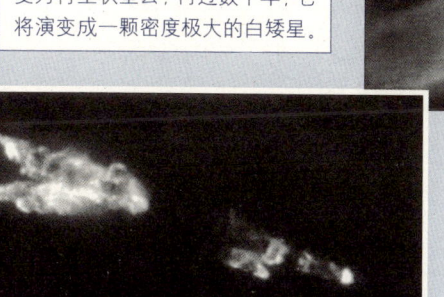

CL618星云形状像一个表示胜利的"V"字形手势。仅仅几百年前，它还是一颗很平凡的红巨星，此后，它不断消耗自身的核燃料，开始演变为行星状星云，再过数千年，它将演变成一颗密度极大的白矮星。

可与"黑眼睛星云"媲美的"蝴蝶星云"属于行星状星云，是红巨星死后外壳被吹散形成的。

星体，大小和高度均十分壮观。"里克天文台观测报告说："这个美丽星云的中央部分非常明亮，有一个明亮的星云的核，它的螺旋结构偏于紧凑，且有相同的构造，没有不规则或凝聚的特征。这个旋涡星云的最显著的特征是在其核心的北部有一个吸光区。"那么，"黑眼睛星云"到底有何奥秘呢？

在短时间曝光的照片上可以看到这个星系中心和它周围的亮区明显地分隔开。M64较近的边缘是朝南的。M64是除鲸鱼座M77外所有的梅西耶天体中最大的一个，其质量相当于7900亿颗太阳的质量。

M64是一个很明亮的星系，绝对星等为-22.3等，在所有梅西耶天体的星系中它是唯一超过M77星系的一个。M64的光谱型为G7。虽然M64和仙女星系团位于同一方向上，但它不是仙女星系团的成员而是前景星系。也就是说，M64距离地球没有仙女星系团那么远。

M64同仙女座的大多数星系比较起来，其尺寸较大，轮廓分明，看上去略呈椭圆形，中心的核很小。不过，要想辨认出星系中心北边的暗的"黑眼睛"区域，需要使用口径大于20厘米的天文望远镜。

恒星奇特的"一生"

如果把宇宙比作一个生命体，那么恒星就是它的"细胞"，因为恒星同样要经历诞生、成长、衰老和死亡四个阶段。

恒星的诞生

大多数天文学家认为，最初的恒星（原恒星）是由星际物质构成的。

星际物质是一些非常稀薄的气体和细小的尘埃物质，它们在宇宙中构成了庞大的像云一样的星云。它们的密度很小，每立方千米只有 10^{-8} ~ 10^{-4} 克，主要成分是氢(90%)和氦

距离我们2500光年的锥形星云(NGC2264)，位于麒麟座。天文学家认为这里是恒星的摇篮。

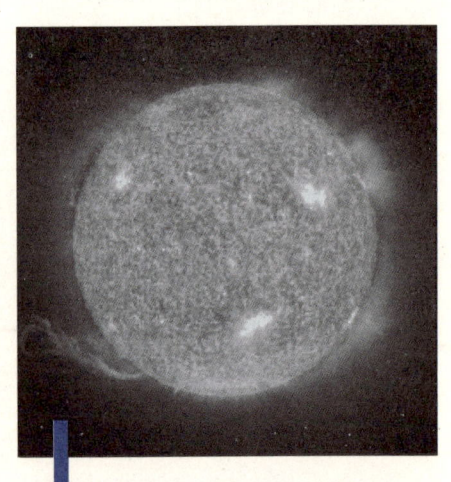

太阳是距我们最近的一颗恒星。其他恒星离我们都非常遥远，最近的比邻星也在4光年以外。如果把它们拉到太阳的位置上，那么我们就能看到无数个太阳了。

(10%),它们的温度为 –200℃ ~ –100℃。

通过观测发现,星云分为两种:被附近恒星照亮的弥漫星云和暗星云。它们的形状有网状、面包圈状等。最有名的是猎户座的"暗湾",其形状像一匹披散着鬃毛的黑马的马头,因此叫"马头星云",而美国科普作家阿西莫夫说它更像迪斯尼动画片中的"大灰狼"的头部和肩部。

星云是构成恒星的物质,而真正构成恒星的物质量非常大,构成太阳这样的恒星需要一个方圆900亿千米的星云团。

星云聚为恒星分为快收缩阶段和慢收缩阶段。前者历经几十万年,后者历经数千万年。星云快收缩后半径仅为原来的1%,平均密度提高1亿亿倍,形成一个"星胚"。这是一个又浓又黑的云团,中心为密集核。此后进入慢收缩(原恒星)阶段。随后其温度不断升高,它的温度高到一定程度就要闪烁身形,以示其存在,并步入幼年阶段。但这时其发光尚不稳定,仍被弥漫的星云物质包围着,并向外界抛射物质。

最初,古人以为恒星的位置是不变动的。其实,恒星不但自转,而且都以不同的速度在宇宙中飞奔,速度比宇宙飞船还快,只是因为距离太遥远,人们不易察觉而已。

恒星都是十分庞大的天体。例如,太阳的直径为140万

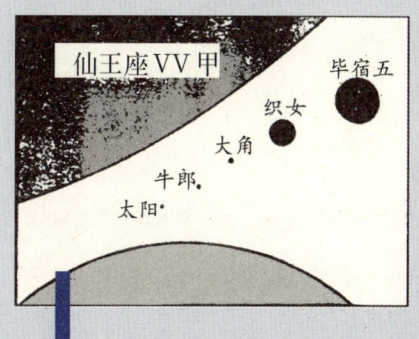

红超巨星(仙王座VV甲和参宿四)、红巨星(毕宿五和大角)、蓝矮星(牛郎星和织女星)同太阳大小对比示意图。

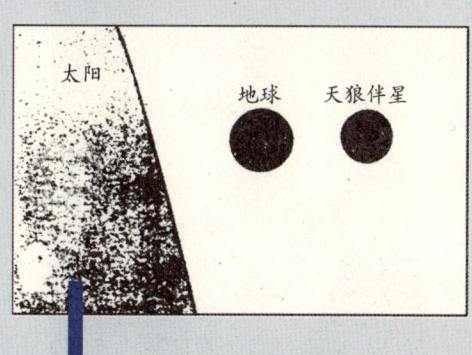

天狼伴星(白矮星)、地球同太阳大小对比示意图。

千米，体积比地球大130万倍。在辽阔的宇宙海洋里，太阳只是一名很普通的成员。恒星世界中的巨人——红超巨星的直径要比太阳大几十倍或几百倍！

恒星的演化过程

人类对恒星演化过程的了解，要比对恒星起源的认识更为全面和深入。

经过幼年期，恒星才真正成为一颗天体。年轻的恒星仍在收缩，因此温度仍在升高。升到1000万K以上时，星体核心的氢元素开始进行聚变反应，并释放能量。这样一来，恒星变得比较稳定，而进入"青壮年期"。

20世纪初，丹麦天文学家赫茨普龙和美国天文学家罗素把恒星光谱和光度的关系绘制成图，人们称此图为"赫茨普龙—罗素图"，简称"赫罗图"。由此图可知，恒星的演化要经过主序星（青壮年）阶段和红巨星（老年）阶段。

赫罗图非常直观，人们通过它可发现在观测到的恒星中，有90%是处在主序星阶段（太阳也处在这个阶段）。这

20世纪初，美国天文学家罗素与丹麦天文学家E·赫茨普龙各自独立地发现了巨星序与矮星序，并创制了表示恒星光谱型与光度关系的图，后来该图就以这两位发明者的姓氏命名，称为"赫茨普龙—罗素图"，简称"赫罗图"。图为赫茨普龙。

是恒星经历最长的阶段，约几亿年到几十亿年。这时的恒星已不收缩了，燃烧后的能量全部辐射掉。处在这一阶段的恒星的主要特征是：大质量恒星温度高，光度大，色偏蓝；小质量恒星温度低，光度小，色偏红。

当恒星变老成为一颗红巨星时，在它的核反应中，除了氢之外，氦也开始燃烧，接着又有碳加入燃烧行列。此时它的中心温度，可达几亿摄氏度，发光强度也不断升高，体积也变得异常庞大。猎户座的参宿四就是一颗较老的红巨星。太阳老了也会变成红巨星，那时它将膨胀得非常大，以至于会把地球吞掉至如果那时人类还存在着，就得"搬家"了，搬到离太阳远一些的行星上去住。

恒星的演化机理

我们知道，恒星的质量越大向外辐射的能量就越多，因而其寿命越短。一颗质量为太阳质量30倍的恒星，持续燒烧不超过3100万年，就离开了主序星阶段转入了红巨星阶段。一颗质量是太阳质量5倍的恒星寿命为1亿年。室女座中最亮的恒星叫角宿一，它的质量是太阳的10倍，但其光度比太阳大1万倍，因而它耗尽燃料的时间也只及太阳的1/1000，所以角宿一像是一个患早老症的恒星，其寿命不超过1000万年。

尽管恒星的演化过程千姿百态，但有两点是具有共性的。首先，在演化过程中，恒星的化学成分都会发生变化。最先是氢开始燃烧并聚变为氦，随后是氦开始燃烧并产生了碳原子，于是恒星就变老成为一颗红巨星。此时它的中心温度更高，可达几亿摄氏度，发光强度也在升高，体积变得更加庞大。接着红巨星的碳原子也会燃烧并产生复杂的、更重的原子核。所有这些核反应都释放出能量，但产能程度却在逐渐降低，为了维持恒星的辐射率不减，必须一次比一次更快

恒星演化过程的各个阶段体积比较图。

地燃烧,直到铁蒸气原子出现时,这种系列的核反应才停止。此时恒星已经不能向外辐射能量,而是需要额外添加热量才能提高铁原子核的温度。

其次,恒星的演化是一个质量与能量持续相互转化的过程。其过程呈亚稳态。当恒星的化学成分从量变达到质变时,质—能转化的速率急剧加快而引发自身的大爆炸。大爆炸后,恒星进入了新的演化阶段,仍呈亚稳态,但其化学成分、物质结构、负载能量、温度、光度等都发生了根本性的变化,可谓面目皆非。

那些质量超过太阳10倍的大质量恒星,当它们的氢快要耗尽时,其中心形成一个氦核,它具有引力,吸引外围的气体向中心沉降,而周围的气体由于核反应被加热,具有向外膨胀压力,引力与压力此消彼长,对恒星核反应的速率起着自动调节的作用,使核反应能够比较平稳地进行。当恒星内部核反应加剧时,外围气体被加热向外膨胀并带走一定的热量，星核被冷却，于是核反应减缓，气体向外膨胀的压力也随之降低。反之，当引力胜过压力时，气体又向中心沉降，此时星核质量和密度不断增大，核反应又开始加速，气体膨胀压力也开始回升。如此反复多次之后，星核质量随之增大。当星核质量质超过太阳质量的1.5倍时，引力终于占了上风，星体瞬间坍缩崩溃并释放出巨大的能量。大爆炸后，星体的残骸留在原地，成为一颗名副其实的中子星。如果中子星质量过剩，当它吞噬了足够的物质后，质量达到太阳质量的两倍时，将迅速坍缩，转化为一种新型天体，这就是黑洞。一个质量为太阳质量两倍的黑洞，其半径小到3千米，其引力大到能把自身发出的光量子都拉回来，没有任何物质和光线能逃逸到外界来。

  小质量的恒星（质量不到太阳质量的1.4倍）发生爆炸的结局是变成一颗稳定的白矮星。如此说来，恒星的命运，要么是老老实实逐渐冷却的白矮星，要么是以中子星而结束自己的"一生"。如果一颗恒星演化结束时剩下的质量太多，多到不能成为白矮星，也不能成为平衡态的中子星，那么它的下场就是成为黑洞。

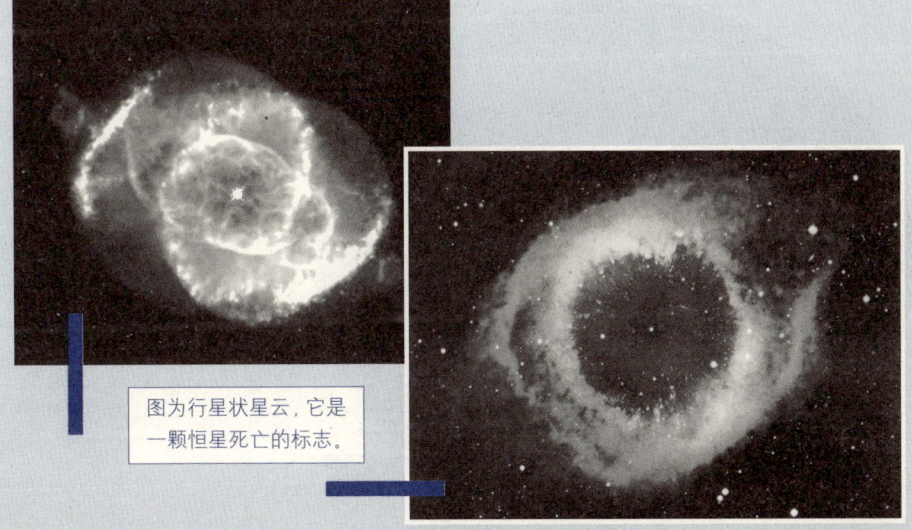

图为行星状星云，它是一颗恒星死亡的标志。

超新星的残骸

在我国北宋时期，曾出现过一次天象奇观，史书记载："至和元年五月晨出东方，守天关，昼见如太白，芒角四出，色赤白，凡见二十三日。"经考证，这是对1054年7月出现的特亮超新星爆发的观测记录。这颗超新星，近代有人称之为"中国新星"。它的残骸（爆发过程中抛射的气体云）就是现在人们看到的位于金牛座的蟹状星云。

1731年，英国的天文爱好者比维斯首次发现了这个朦胧的椭圆形雾斑。1771年出版的著名的《梅西耶星表》，把它列为第一号天体：M1。1844年英国的罗斯伯爵用他自制的大型反射望远镜观察到星云的纤维状结构。他根据目视观察的印象，把星云描绘成蟹钳状，命名为蟹状星云。1921年美

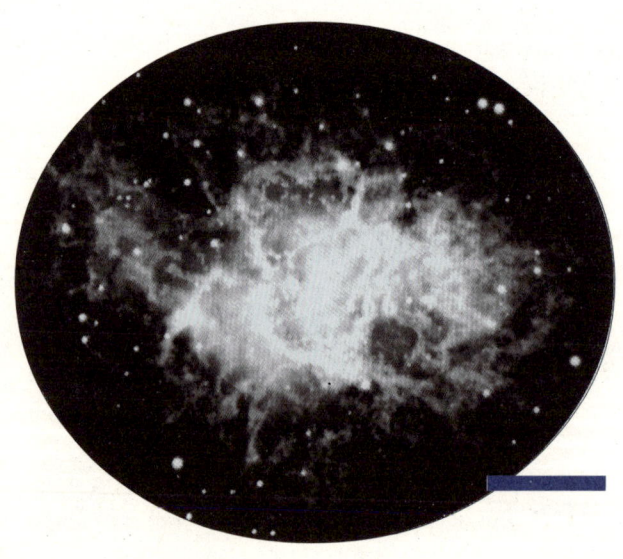

1942年，金牛座中的蟹状星云被确认为是1054年的一颗超新星大爆发的残余物。其时，气体以1500千米/秒的速度向外扩散。星云的曲线纤维就像螃蟹钳子一样。

荷兰天文学家奥尔特为银河系的结构和运动学理论做出重要贡献。1942年，他以令人信服的论证，确认蟹状星云是1054年超新星爆发后形成的。

国的邓肯对比两组相隔12年的照片，确认该星云仍在膨胀。1942年荷兰的奥尔特推断蟹状星云是900年前超新星爆发的产物，认为今日的蟹状星云和1054年观察到的超新星是同一天体。

蟹状星云是目前人类发现的宇宙中最强的射电源之一。该射电源周期性地被月亮遮掩，并且每逢6月都被日冕遮掩，因此我们能够精确地测定它的方位、大小和波谱特征，确切地证明它的光学对应体即是超新星的残骸。蟹状星云还是强红外源、紫外源、X射线源和γ射线源。

1968年，关于蟹状星云又有了新的发现：星云深处隐藏着一颗射电脉冲星NP0532。这颗星直径不到20千米，但质量却和太阳差不多，有着极其强大的磁场，表面温度达1000万摄氏度，内部温度则高达几亿摄氏度。它以每秒30圈的速率自转，发出周期性的脉冲辐射。

"银河之斗"人马座

从夏到秋，人马座都出现在上半夜的南天夜空中。它虽然没有特别亮的一等星，但二、三等星则有10颗，这些星的范围又比较集中，所以整个星座的轮廓看起来比较醒目。

如果把人马座较亮的六颗星连接起来，很像一把小勺，因为它位于银河系内，所以被称为"银河之斗"，我国古代又称它为"南斗"，与北斗遥遥相对。"北斗七星南斗六"，这是古人观星时的口诀。

古人对自然天象抱有迷信观念，说南斗注生，北斗注死。

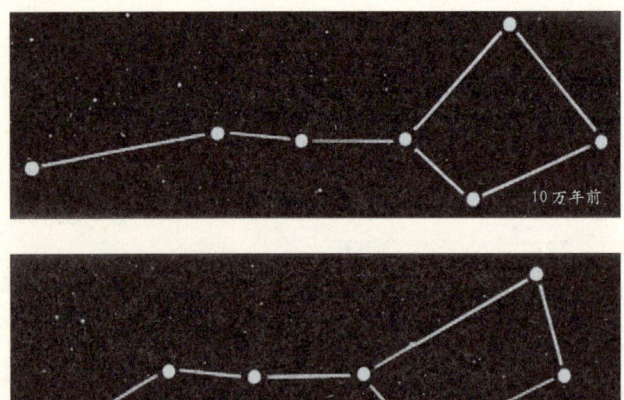

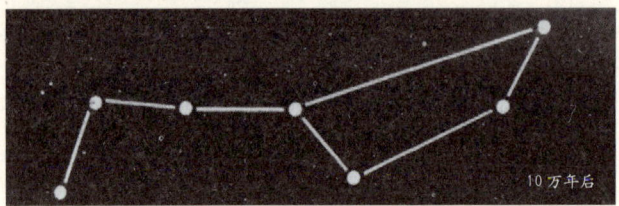

无论是"南斗"还是"北斗"，它们的形状都不是一成不变的。图为北斗七星的运行变化模拟图。

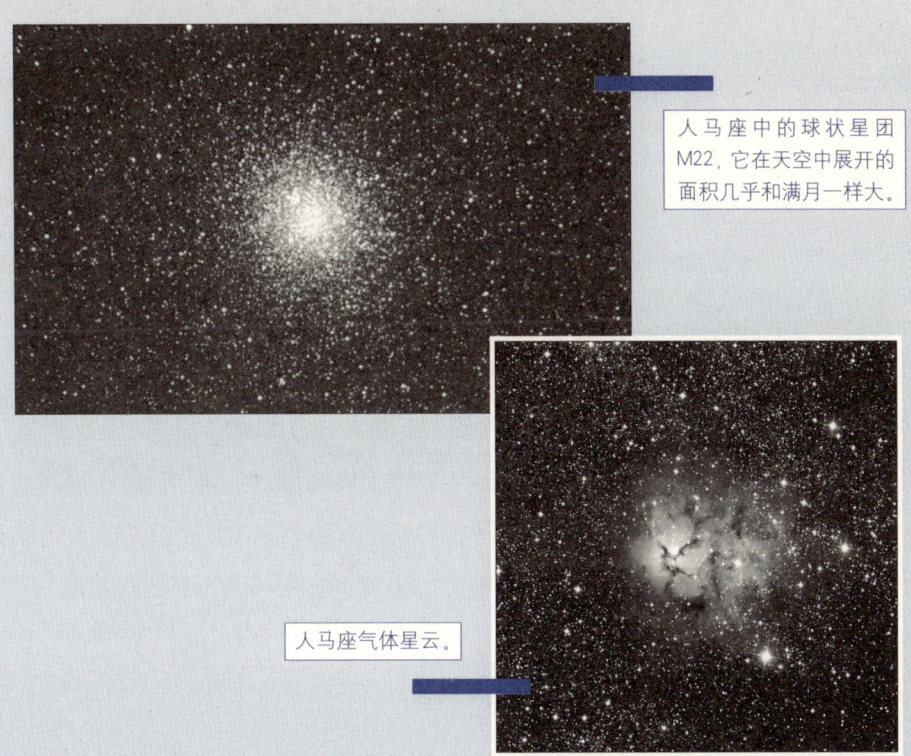

人马座中的球状星团M22，它在天空中展开的面积几乎和满月一样大。

人马座气体星云。

在我国著名的古典小说《三国演义》中，讲述过"赵颜借寿"的故事。故事中说有位少年名叫赵颜，路遇占卜先生管辂。管辂告诉赵颜：三日内必有生命危险。赵颜很害怕，哀求管辂想想办法。管辂说："汝可备净酒一瓶，鹿脯一块，来日赍往南山之中，大树之下，看磐石上有二人弈棋；一人向南坐，穿白袍；一人向北坐，穿红袍。汝可乘其弈兴浓时，将酒及鹿脯跪进之。待其饮食完毕，汝乃哭拜求寿。"次日，赵颜依计进了南山，果有二人于大松树下的磐石上对弈，赵颜奉上酒和鹿脯。二人贪着棋，不觉饮酒已尽。赵颜哭拜于地而求寿。穿白袍者乃于身边取出簿籍检看，谓赵颜曰："汝今年十九岁，当死。吾今于十字上添九字，汝寿可至九十九。回见管辂，教再休泄漏天机。"穿红者出笔添讫，一阵香风过处，二人化作二白鹤，冲天而去；赵颜归问管辂。辂曰："穿红者，南斗也；穿白者，北斗也。"

古人实际上不可能洞察什么"天机"。现在，随着天文学的飞速发展，特别是射电望远镜的出现，人们才真正洞察到一个重要的"天机"，那就是在南斗方向上有一个极强的射电源，称做人马座A复合体。这里是银河系那些体积和质量最大的星体聚集地，甚至包含了大质量的黑洞，银河系的中心就在这个位置上。现在，除了星团和黑洞，科学家们还在人马座的方向发现了一些比较明亮的星云。其中有一个马蹄星云，因形状像马蹄而得名。因为它还像希腊字母"Ω"，所以又称作"欧米伽星云"。用望远镜观察，它是一个光亮而巨大的气体云，周围有许多明亮的星云和星团，这不免使人联想起湖边亭亭玉立的天鹅，因此也有人称之为"白鸟星云"。

织女的眼泪

天琴星座是夏季夜空中一个美丽的小星座。它虽然小，但由于有一颗名气很大的主星——织女星，因而十分引人注目。织女星位于银河以西。在织女星附近有四颗小星，组成一个小小的菱形，这就是织女"织布"的"梭子"。

在古希腊神话中，织女和"梭子"等星星则是一把七弦琴，这把琴属于乐手英雄奥菲斯。他参加夺取金毛羊的战斗，用神奇的琴音鼓舞同伴的战斗勇气，渡过不少难关，使远征队获得胜利。奥菲斯夺得金毛羊以后，与美丽的仙女尤莉提斯成婚，但新娘不幸早逝。奥菲斯悲痛万分，他抱着七弦琴走入地府，弹奏哀音，感动了铁石心肠的冥王。冥王答应放回尤莉提斯，并叮嘱奥菲斯没到人间之前，不能回头看她。奥菲斯满心欢喜，在回人间的路上一直念着爱妻子的名字。但是在离人间只有一步路的时候，奥菲斯忍不住回头看了妻

从史前时代开始，流星雨就能在地球上看到。史书上关于流星雨的记载很多，但直到19世纪后期，人们才将彗星与流星雨联系在一起。

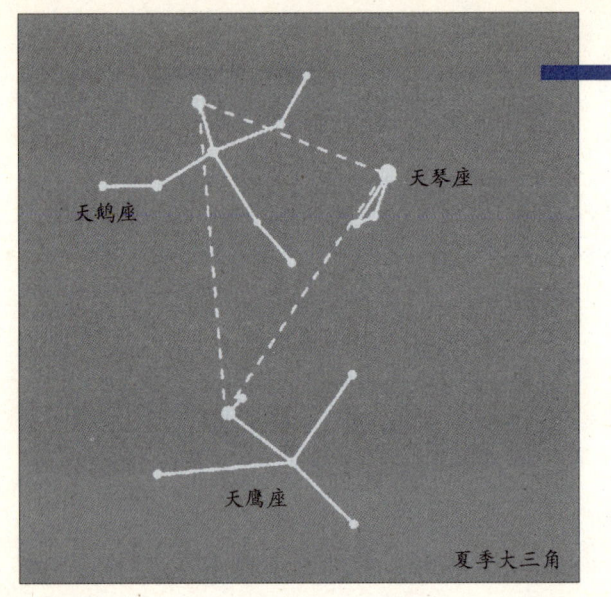

天琴座示意图。

子一眼,就在这一瞬间,他又一次失去了爱妻。奥菲斯最终悲伤而死,他的琴被移上天界,成了著名的天琴座。

按照中国的民间传说,织女和牛郎被隔在银河两岸,只有每年的七月初七,凭借"鹊桥"才能相会一次。织女思念牛郎和一双儿女,时常泪如下,这就是天琴座流星雨。据《春秋》记载:"(鲁)庄公七年夏四月辛卯夜,恒星不见,夜中星陨如雨。"天文学家推算,这是公元前687年3月16日发生的一次天琴座流星雨。

现在,天琴座流星雨的出现期已改为每年的4月16日到22日,最盛期是4月21日。流星雨的辐射点在织女星右下角不远处,它上升到便于观察的方位,总要在子夜以后。

看流星雨后半夜最为合适,因为那时候流星雨往往更多更亮。流星雨看起来好像是从天空的某一点(就是所谓"辐射点")辐射出来的,实际上是平行辐射出来。这就如同我们从一端看铁轨或成条的麦田,都像是从远处某一点辐射出来的,实际上它们是平行线,只不过因为远,这些平行线看起来像相交了。

这幅画描绘的是1833年11月12日深夜,在美国东部观测到的一场极为罕见的流星雨。面对这特殊的天象,人们似乎有些不知所措。

　　流星和彗星都是太阳系里的流浪儿,它们的轨道往往都是极扁的椭圆形,它们的行踪常常让人困惑不已。经过大量研究,人们已认识到流星与彗星关系密切。许多流星雨都是崩解了的彗星碎片形成的,比如,天琴座流星雨就跟1861年发现的第一号彗星有关。它俩在同一轨道上,而该彗星是尚未完全崩解的母体。除了天琴座流星雨外,其他著名的流星雨还有英仙雨、猎户雨、双子雨、宝瓶雨和狮子雨。

日珥、日冕与极羽

日全食发生时,月球在天空中看上去和太阳一样大小,当它们处于同一条视线上时,几乎正好将太阳遮住。太阳不见了,天空变暗,星星出现,太阳白色的日冕层从月球盘面的周围闪出。一个局部地区,平均360年才能发生一次日全食。

当日全食出现时,普通的天文爱好者能够清晰地看到太阳的日冕、日珥和"极羽"这些壮丽的天象。

1842年7月8日观测到的日全食,使人类有了最早的明确的日珥记录。1860年7月18日发生日全食时,天文学家拍到日珥的照片。1868年8月18日发生日全食时,人们又得到日珥的光谱,还在日珥光谱中发现了一条波长为5876埃的黄线,但当时在实验室里人们从未见过这条谱线,遂把发出这种谱线的物质命名为Helium(氦)。这个词源于希腊语Helios(太阳),意即太阳元素。到1895年,有人才在实验室里提炼出氦。

日珥的形状变化万千,有的像浮云,有的像喷泉,还有

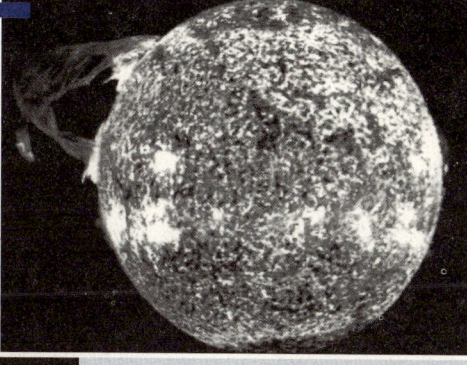

1979年12月19日拍摄的日珥照片，它跨越太阳表面588 000千米。

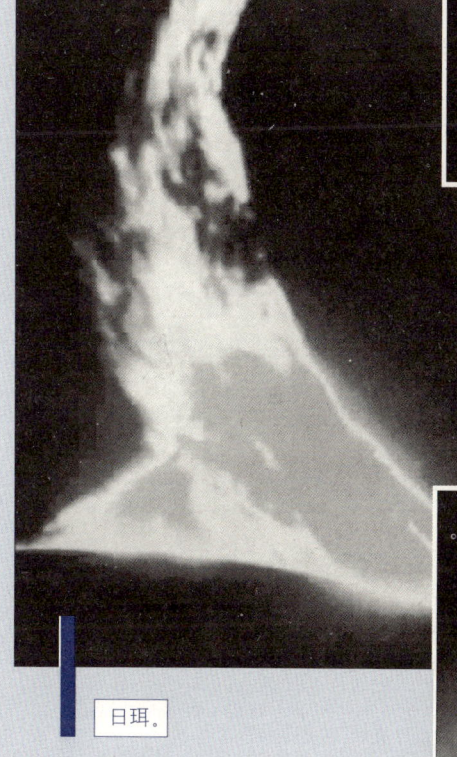

日珥。

极其猛烈的太阳远紫外区活动。

圆环、拱桥、火舌等形状的。日珥的大小不一，一般来说，长约20万千米，高约3万千米，厚约5000千米。日珥主要存在于日冕层中，下部常与色球层相连。日珥有很复杂的精细结构，一般由许许多多细长的气流组成。

日珥在太阳南北半球都可能出现，但大多集中在低纬度区。低纬度区的日珥的分布与太阳黑子的分布相似，按11年太阳活动周期不断飘移。在周期开始时，日珥发生在纬度30°~40°的范围内，然后移向赤道，在周期结束时所处的纬度平

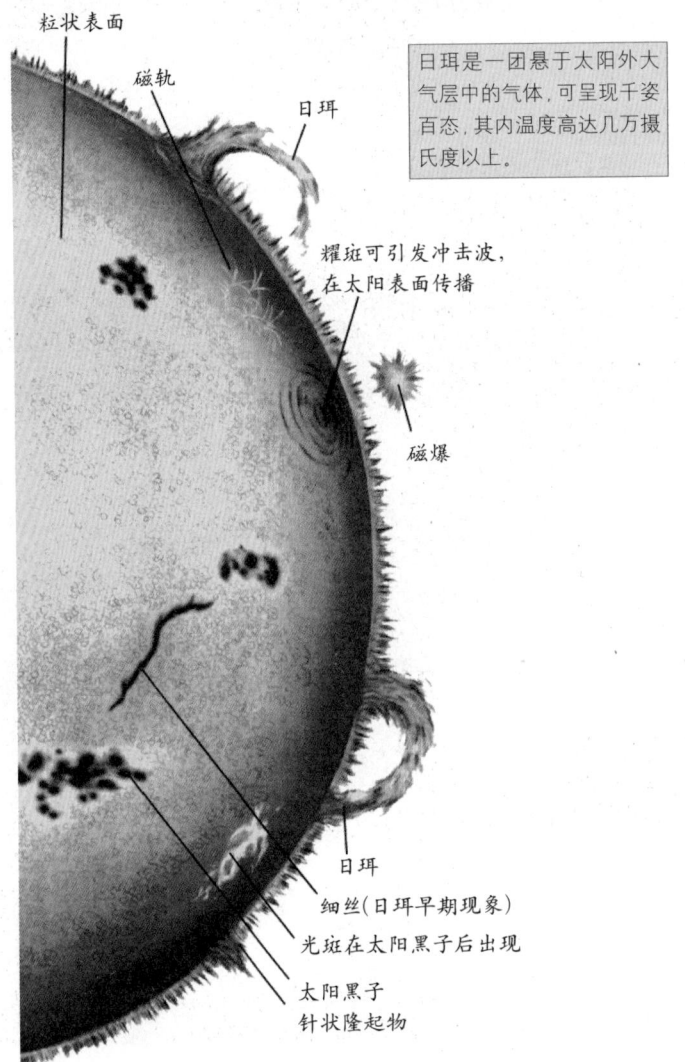

　　均为17°。这比黑子区域的平均纬度始终高10°左右。至于高纬度区，日珥大约在黑子极大期过去3年后才出现，一直存在到黑子极小期。

　　日珥的形成目前仍是一个谜，它在演化过程中与太阳耀斑爆发有密切关系。

　　1997年3月9日发生在中国北方漠河的日全食，让每一位亲临现场的观众都大开眼界。就在那一瞬间，人们惊异地

日冕上的一个复杂的黑子群。

这是一张在"日全食"观测现场拍摄的照片，在"黑太阳"的上、下方可以隐约见到一些"毛发"状的白色条纹，这就是太阳的"极羽"现象。

　　看到"黑太阳"周围一团白色的光圈，而且，在太阳的上下两极地区，这层光圈内排列着一道道放散状羽毛样的东西。那么，太阳怎么会生出"羽毛"呢？

　　这要先从日冕层说起。在日全食发生时，平时看不到的太阳外大气层就暴露出来了，它就是日冕层。日冕可从太阳色球层边缘向外延伸到几个太阳半径处，甚至更远。人们形容它像神像上的光圈。它比太阳本身更白，外面的部分带有蓝色。

　　现在科学家已经知道，日冕由很稀薄的完全电离的等离子体组成，其中主要是质子、高度电离的离子和高速运动的自由电子。日冕的形状是有变化的。人们通过观察发现，自19世纪以来，日冕的形态随太阳黑子活动的周期（约11.2年）在两个极端间变化。在太阳活动的极盛期，日冕的形状是明亮的、有规则的，近于圆形，精细结构（比如极羽）并不显著。可是在太阳活动的极衰期，就其整体来说，日冕并不特

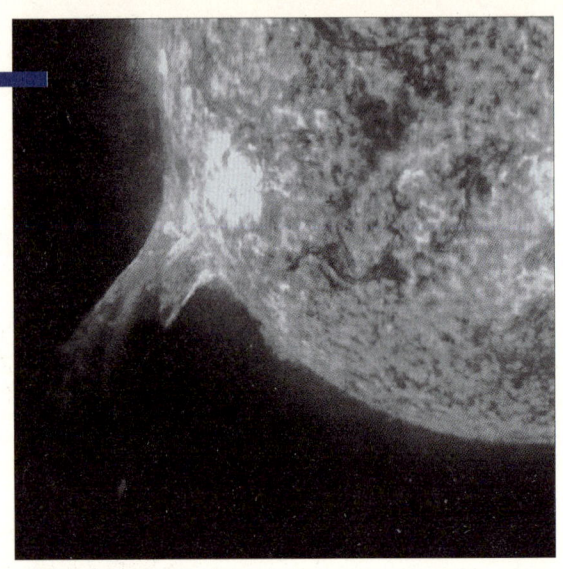

图中太阳巨大的冠状喷出物为2003年10月的太阳风。

别明亮,但在日面赤道附近,日冕的光芒底层却在扩大,上面分成丝缕,呈刀剑状伸向几倍于太阳半径那样远的地方。有人于1848年在高山上观测一次极衰期的日全食,看见这些光芒伸展到离日面1500万千米以外的地方。极衰期的日冕往往在南北极呈现出一种像刷子上的一簇簇羽毛样的结构,人们叫它极羽。

极羽被科学家们归为日冕中背景更亮的延伸结构之一,它出现在日面的两极区域。它的性质人们还未完全弄清,一般认为,聚集在太阳极区的日冕层等离子气体,由起着侧壁作用的磁场维持其流体静力学平衡,因而形成极羽。极羽的形状酷似磁石两极附近的铁屑组成的图案,这种沿着磁力线的分布,说明太阳有极性磁场,可据此画出太阳的偶极磁场来。

耀斑、日浪与"米粒"

太阳色球层中活动最剧烈的是"耀斑",也叫做"色球爆发"。用望远镜观察可以发现,在光球层黑子附近会突然出现局部增亮现象,并且在几秒钟内,亮度和面积迅速增大,尔后再慢慢消失。一般将增亮面积超过了3亿平方千米的称作"耀斑",小于3亿平方千米的称作"亚耀斑"。

耀斑爆发时会释放出巨大的能量,大耀斑在十几分钟内释放出的能量,相当于100亿颗百万吨级的氢弹爆炸产生的

太阳释放出强力耀斑。图片拍摄于2001年4月,时值太阳以11年为周期的活跃期巅峰。

美国国家海洋和大气局太空环境中心将2003年11月4日爆发的太阳耀斑确定为28级,是人类有史以来所记录的最大的太阳耀斑。

1995年12月2日,美国和欧洲共同研制的太阳及光球层探测器SOHO发射升空,开始了一次规模空前的空间探测。

1996年SOHO探测器拍摄到的太阳高温大气。

能量。

　　色球层耀斑会产生大量的紫外线、X射线和γ射线辐射,并抛出大量的高能粒子。它们到达地球后,对于地球的影响也是非常明显的。例如,它们扰乱了地球的磁场,引起磁爆;强烈的辐射破坏了地球电离层,致使短波通信中断。许多科学家都试图找出耀斑爆发与地球灾害之间的联系。

　　耀斑是如何产生的呢?一般来说,耀斑能量来自于磁场,是一个巨大的强磁场区域的突然瓦解。那么,诱发磁场迅速瓦解的原因是什么呢?科学家提出了几十种关于耀斑的理论模型,为了验证其正确与否,对耀斑除了进行地面观测之外,还发射了一些航天器在太空中进行全面观测。

　　日浪是太阳光球层物质的一种抛射现象,可与耀斑共生。在日面边缘,日浪常常是从一个小而明亮的小丘顶部以钉子形向外急速增长。日浪爆发区长度从几百千米到5000千米。抛射物质的总质量为$10^{14} \sim 10^{15}$克。日浪底部几乎完全位于黑子的本影和半影内，内部磁场强度为0～150高斯。人们用高分辨率天文望远镜观测发现，日浪是由一簇非常精细的"纤维"组成，其中每根"纤维"都与亮点互相联系着。在日浪开始时，它们同时发亮。

日浪实质上是太阳活动区强磁场范围内高密度的等离子体抛射现象，在10～20分钟内可达200千米/秒的速度。抛射最大高度为2万千米。大日浪的前峰抛射大致经历三个阶段：开始以1.2千米/秒^{2}的加速度上升至极大速度，然后减速，其减速度大于重力加速度；当达到最大高度后，就以小于重力加速度的加速度沿着同一轨道返回太阳表面。日浪的初始加速，多数人认为是一团非磁导电流体在有梯度的外磁场的磁压力的作用下，在磁力线间被挤向梯度减小的方向，即类似于夹在两个手指间的一粒"瓜子"被挤出去一样，称为"瓜子效应"。日浪有很强的重复出现趋势。在物质沿着上升轨道下落之后，一般又会触发新的日浪。但它们的极大速度和最大高度一次比一次小。理论计算表明，日浪到活动区上空的日冕层中，是严格遵循磁力线轨迹的。这说明日浪现象几乎完全受活动区强磁场的支配和控制。

太阳表面有一种看起来像"米粒"似的东西，天文学家

太阳活动区存在强磁场，可将高密度的等离子体向外抛射。

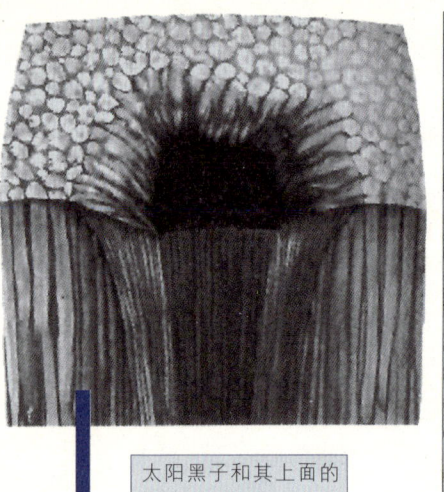

太阳黑子和其上面的"米粒"组织。

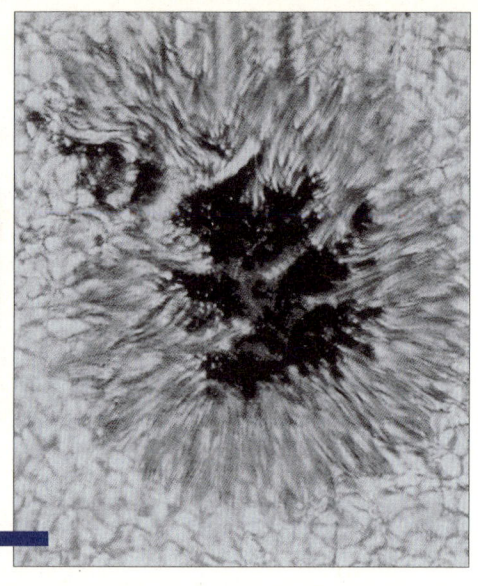

称它为"米粒组织"。但是,这种"米粒"却大得惊人,平均长度约1000千米,也就是说,一粒"米"足以把北京和南京连在一起。而米粒之间的间隔平均为1500千米。日面上的"米粒"密密麻麻,为数极多,约有250万个,它们加在一起大约占整个太阳表面积的40%。"米粒"经常出现在黑子的外围区域。

天文学家认为,这种"米粒"是从太阳对流层升起来的"气流",温度比日面平均高300多摄氏度,因此显得比较明亮。与太阳黑子比起来,"米粒"组织的寿命短多了,据统计,它的平均寿命约为8分钟,个别长寿的可达15分钟。"米粒"的亮度随高度而变化,各个"米粒"的亮度也不相同,人们常常可以看见一种寿命约为10分钟的特别亮的爆炸"米粒",它以每秒1.5~2千米的速度膨胀成环状,然后破裂。

有趣的是,1954年一位女天文学家发现了"超米粒组织",它的直径约为2万~6万千米,寿命短的有几小时,一般为20~40小时,平均为24小时。太阳表面的对流现象实是太奇妙、太复杂了。

难得一见的金星凌日

我们把太阳、金星和地球处在一条直线上，并且从地球上看金星从日面穿过的现象称为"金星凌日"。届时，金星的身影穿过太阳的圆面，形成一个直径大约是太阳直径1/30的黑点。在历史上，通过观测金星凌日，天文学家们曾发现了太阳的视差，从而比较准确地知道了太阳与地球的距离，并且发现了金星上面的大气，所以每一次金星凌日都是人们热切盼望的。然而令人称奇的是，继2004年6月8日发生金星凌日之后，2012年金星凌日将再次发生，但在整个20世纪的100年间，却没发生过一次金星凌日，这是怎么回事呢？

原来，金星的轨道很特别，偏心率特别小，由此造成的

1999年11月15日水星凌日时，正好一架民航飞机飞过日面，飞机上面的黑点就是水星。事实上，金星凌日的情景与此相似。

金星表面有上千个火山，它们是透过外壳散发行星内部热量的出口。其中最大的火山高出周围平原大约2千米，直径达到300千米。火山口中喷出的瀑布状固体熔岩流清晰可见。

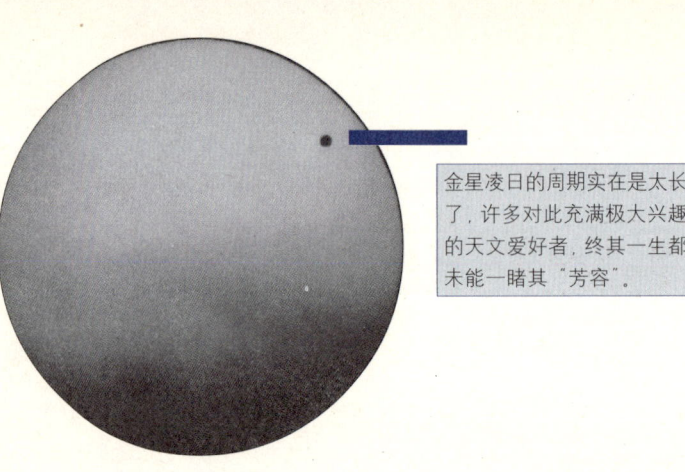

金星凌日的周期实在是太长了，许多对此充满极大兴趣的天文爱好者，终其一生都未能一睹其"芳容"。

金星凌日常是两次为一组，一组的两次之间相隔 8 年；而相继的两组间隔为两个多世纪。将 18 世纪发生金星凌日时的日期加上 243 年又 2 或 3 日（金星凌日的周期），我们便得到即将发生的金星凌日的时间：1761 年 6 月 6 日—2004 年 6 月 8 日；1769 年 6 月 3 日—2012 年 6 月 6 日。

关于 18 世纪的金星凌日还有一个小故事。

法国天文学家勒让提于 1760 年搭船去印度，想到那里去观测 1761 年 6 月的金星凌日。可是，那时英、法两国正在海上交战，妨碍了勒让提的行程，他到达目的地的时候，金星凌日的日期已经过去了。他决定留下来，等待 8 年，观测下一次 1769 年的金星凌日。8 年过去了，终于等到他认为幸运的时刻。6 月的前两天，阳光灿烂，可是到了他期待了 8 年的那一天，天气突然变坏，正当金星凌日的时候，暴风突起，雷雨交加，连太阳的影子都看不见。老天好像故意开玩笑似的，在金星退出日面几分钟后，天气转晴，阳光又普照大地。观测的失败，使勒让提垂头丧气，病倒在床上，并且不再与朋友通信。1771 年，他心灰意懒地回到法国，才知道由于音讯断绝，大家以为他早已客死他乡，他的科学院院士位置的遗缺，已经被他人补上，他的财产也已经被人继承。命运跟这位科学家开了个大玩笑。

木星大红斑之谜

早在1878年,天文学家在观测木星时就发现了南半球的卵形大红斑。这一发现曾经轰动一时。不过,同前人绘制的木星图进行一下比较,会发现法国天文学家于1665年就已经把木星大红斑描绘出来了,并且据此较为准确地测算出木星自转的周期。1878年以来,人们开始对大红斑进行连续观测。从观测记录中可以看出,大红斑的颜色有时很深,有时变淡,甚至淡得只能隐隐约约地看出它的轮廓。大红斑在纬度方向上还有飘移运动,这说明大红斑不是固态的物质,而是气旋风暴。

木星的快速自转加大了气旋风暴的风力,"伽利略号"探测器测出其风速达到650千米/小时,这要比地球最大的12级飓风高出许多。事实上,这团巨大的气旋风暴一直在木星

木星大红斑是一团有地球3倍大小的气旋风暴。它逆时针转动,约有8千米高。人们认为它主要是由氨气和冰云组成的。

表面滚动着，它长约2万千米，宽约1.1万千米，沿着逆时针方向转动，绕木星一周的周期为6天。

20世纪70年代以来，先后有"先驱者10号"、"旅行者1号"、"旅行者2号"和"伽利略号"等探测器到达木星附近。从它们拍下的照片看，木星大气中的云在激烈地翻腾着。有些云被拉成长条形状，共形成了17条云带。云带中亮的部分称做"带"，暗的部分称做"带纹"。通过对探测数据的进一步分析，科学家发现，木星内部产生的热量是太阳给它的热量的1.5～2倍，这就提供了足够的能量来形成木星上的气候。上升的热气快速地旋转形成了布满整个星体的高气压系统和低气压系统。气旋风暴就是在高、低气压系统之间的边界产生的。这些气旋风暴往往夹杂着红色的超级闪电。

与大红斑形成对照的是，木星表面还会出现白色卵形气旋，这也是一种气旋风暴。风从中心刮起来，在周围边缘下沉。1988年，科学家曾观察到两个白色卵形气旋共同形成了继大红斑之后最大的风暴。

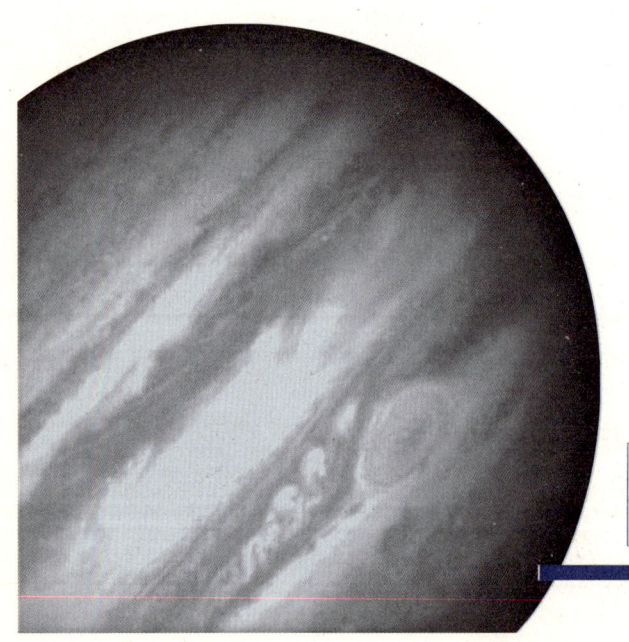

大红斑是太阳系中已知的最大风暴，直径为24780千米，是木星直径的1/6。

横卧而行的天王星

1781年天文学家赫歇尔发现了遥远的天王星,使人们第一次突破了太阳系以土星为界的范围,大大地扩展了人们的视野。

天王星是"身材"十分"魁梧"的一颗大行星,直径是地球的近4倍,体积是地球的60多倍。天王星绕太阳公转一周为84年,因此,它在星座间的位置变化很慢。天王星距离太阳的平均距离约为28.64亿千米,大致等于地球与太阳距

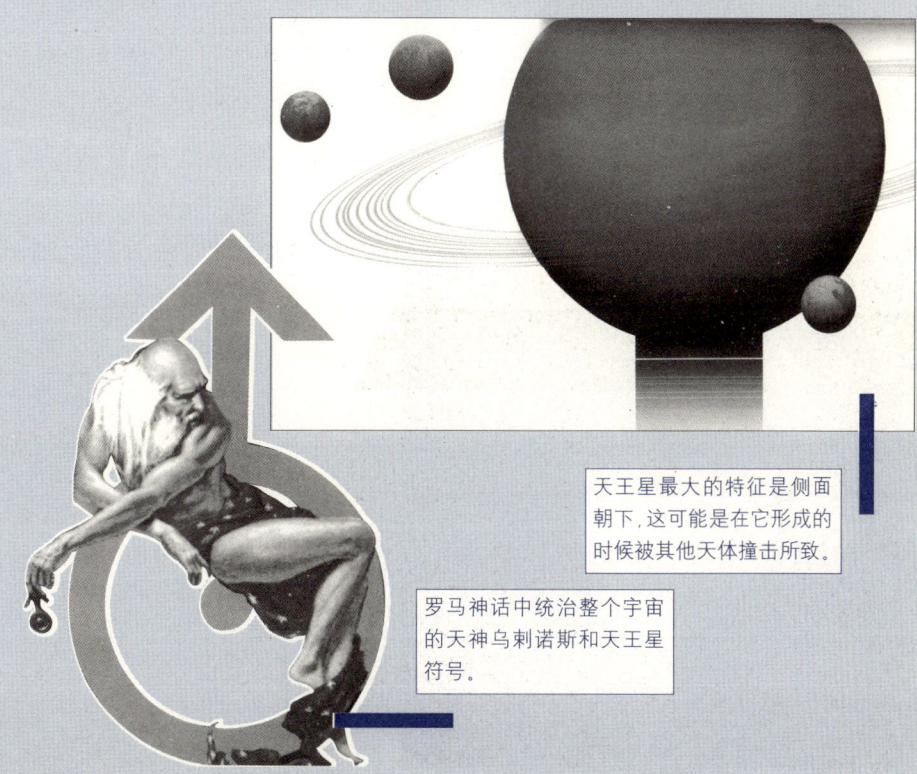

天王星最大的特征是侧面朝下,这可能是在它形成的时候被其他天体撞击所致。

罗马神话中统治整个宇宙的天神乌剌诺斯和天王星符号。

英国天文学家威廉·赫歇尔(1738-1822)是恒星天文学的创始人,被誉为"恒星天文学之父"。1781年,赫歇尔发现了太阳系的第七颗行星——天王星,还发现了土星的两颗卫星和天王星的两颗卫星。1782年,赫歇尔编制成了第一个双星表。1783年,赫歇尔发现了太阳的自行。1786—1802年,赫歇尔三次出版星团、星云表,记录了2500个星云和星团。

离的19倍。由于距离太阳十分遥远,所以它的亮度比较暗,但在天气好的时候,借助于口径10厘米以上的天文望远镜,人们还是能看到天王星呈现绿色的表面。

天王星的自转周期为15.5小时,不快不慢,没啥特别的。但是,天王星自转的"姿势"却非常奇特。如果把它的自转

"旅行者2号"的考察结果证实天王星至少有11道光环。

轴看作它的"躯干",那么它不是直立着自转,而是横躺着自转。倾斜面与垂直面的交角为98°,这样一来,天王星上就有了不同寻常的季节变化。有人形象地比喻说:天王星有时是"头顶"着太阳,有时又是"大脚板"对着太阳。无论是头还是脚(指天王星的极区),都要先经历42年的持续黑暗,然后再连续被阳光普照42年。

以前,人们只知道土星有一个美丽的光环。1977年3月,天王星正好掩食了一颗恒星,这一短暂过程正是观测它的大好时机。结果发现,天王星的周围也像土星那样,有一个美丽光环。光环中包含有大大小小11条环带。它们与天王星的赤道平行。因为天王是横卧着自转,这些环看来基本上是竖直的。

在天王星的20颗卫星中,有11颗是"旅行者2号"于1986年发现的。人们用莎士比亚和蒲伯作品中人物的名字为它们命名。最大的天卫三比月亮的一半还小。

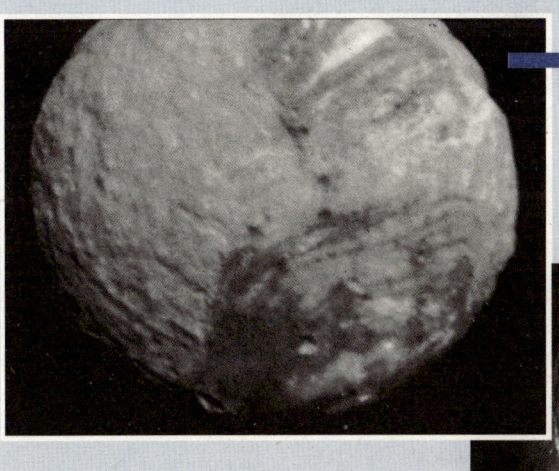

天卫五表面有众多的环形山和大量的悬崖,地形极为复杂。

天卫三上面覆盖着大量的火山灰,这表明它上面曾有过火山活动。

浓烟滚滚的海卫一

海卫一是海王星的卫星中最大的一颗,直径2700千米,它是由天文学家拉塞尔于1846年发现的(仅仅比海王星的发现晚了几个星期)。海卫一的自转轴几乎与黄道面平行,它像天王星一样是"躺在"轨道面上的。海卫一有一层十分稀薄的大气,它主要由氮气和少量甲烷组成,看上去像烟雾一样弥漫着。

海王星距离太阳要比地球远30倍,它的直径约5万千米。与木星、土星和天王星相似,也是"拖家带口",身边围着一大群卫星,其中名气最大的是海卫一"特里顿"。

海卫一是被一位"卫星猎手"发现的,他就是英国的业余天文学家威廉·拉塞尔。

威廉·拉塞尔经营啤酒致富,但对研究天文学很感兴趣。19世纪40年代,他用自己设计的磨镜设备制作了一架60厘米的反射望远镜。1864年10月10日(即发现海王星17天后),他用这架大望远镜发现了海卫一。

但是由于距离太远,在当时的技术条件下观测,海王星及其卫星都是一些暗弱的小点。只是到了100多年后,"旅行者2号"飞临海王星近旁时,人类才真正看到它的"庐山真

英国天文学家亚当斯曾在剑桥大学教授天文学并曾担任剑桥天文台台长。他通过计算预言了海王星的存在和运行轨道。

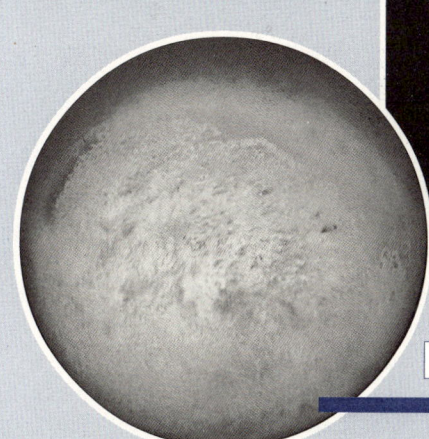

海王星与海卫一。

海卫一全景。

面目"。

　　海卫一体格"壮硕",直径约4000千米,比月球大,质量约为$3×10^{20}$克,是太阳系中质量最大的卫星。海卫一还拥有太阳系中最冰冷的表面（-235℃）,它被冻结的氮和甲烷所覆盖。这种冻结的表面甚至在海卫一南极地区形成了一个巨大的冰帽,可与火星上的"极冠"媲美。或许人们会以为这是个寒冷而又死一般寂静的世界,其实不然,海卫一是一个火山不断喷发、冒着滚滚黑烟（氮气）的星球。在"旅行者2号"所拍摄的海卫一的照片上,可以看见一团团氮气

德国天文学家伽勒是第一个实际观测到海王星的人。在此之前，法国天文学家勒威耶和英国天文学家亚当斯均分别独立地计算出了海王星的运行轨道和可能出现的方位。应勒威耶的请求，伽勒用天文观测仪器于1846年9月23日发现了海王星。

像黑色喷泉一样从火山中喷出，这些气体和黑色尘埃构成8千米高的羽状物。

海卫一除了"浓烟滚滚"之外，还有许多其他独特之处：它有磁场，而其他卫星都没有；它有行星型的地形与内部结构；它比海卫二大得多，离海王星也近得多（仅35万千米），但却一反常态，成了一颗逆行卫星。这些情形不由得让人们感到海卫一有点"来历不明"。有人认为海卫一极有可能曾经是一个独立的行星，后来被海王星的引力所俘获。这种"被俘"是"一不留神"呢，还是有某种力量在"推波助澜"呢？有的科学家认为后者的可能性较大。

海卫一在南极有冰帽。海卫一比冥王星还大，是8颗海王星卫星中最大的，另外7颗卫星的总体积还不到它的1/10。

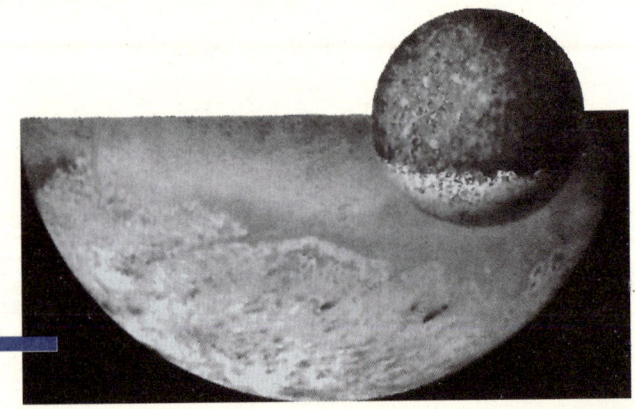

月球的正面与背面

月球的自转周期与公转周期都是27天7小时43分。所以，尽管月球离地球很近（近地点为35.64万千米，远地点为40.67万千米），但从地球上只能看到月球的正面（始终对着地球的那一面，占月球表面的59%），而永远看不到它的背面。

月球正面布满了叫做"月坑"的环形山。实际上，环形山是一种中间低陷、四周呈环状隆起的凹坑地形。环形山的外圈岩壁称为山环和环壁，环内地区称为环底。一般山环高

第谷环形山大约于1亿年前形成，内有中央峰，在满月前后，阳光直射月面时，可看到它美丽壮观的辐射纹。

月面的环形山。

从一次"新月"(完全看不到月亮)到下一个"新月"的周期为29.5天多一点,这就是农历的一个月。用双筒望远镜(10倍左右)就可以观察到,月海与其周围的环形山泾渭分明。

200～5000米,内壁坡度为25°～50°,而外缘比较平缓,坡度仅有3°～8°;环底最深的牛顿环形山比外围平原低7000多米,比环壁低8558米。

一些中型环形山周围常有的四散放射状亮条痕,被称为辐射线。月球南极附近的第谷环形山的辐射线特别壮丽,长短共12条,其中最长的一条达1800千米,超过了月球半径。

月海盆地实际上也是一些被熔岩充填的大型环形山。环形山的规模从直径0.1微米的显微坑穴到直径1600千米的盆地,大小不等。

现在,据不完全统计,从地球上能辨认出的月面环形山,直径大于1000米的约33000多个,占月球总面积的7%～

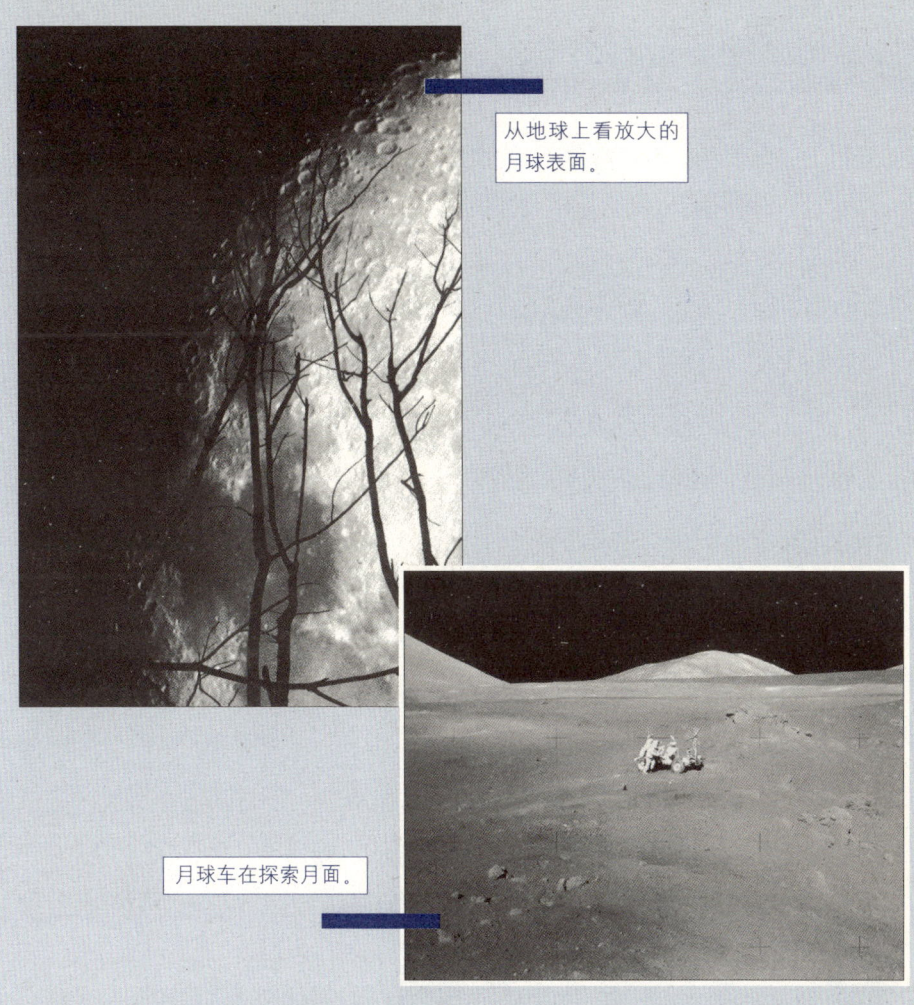

从地球上看放大的月球表面。

月球车在探索月面。

10%；从近月探测器所拍摄的照片上，能辨别出直径大于1米的环形山约30万个。月球环形山总数估计至少在100万以上。

1651年，意大利天文学家里希奥利给一些明显的环形山用哲学家、天文学家、数学家、宗教人士以及古希腊、古罗马神话中的人物的名字一一命名，并沿用至今。之后，300多年中又陆续增补了不少。

相对于月球的正面而言，人类对月球背面的了解在时间上要晚许多。苏联于1959年10月4日发射了"月球3号"行星际站。这个行星际站在10月6日开始进入绕月球的轨道飞行，7日6时30分，它转到了月球的背面大约7000千米的高空。当时地球上是"新月"，月球的背面正是受太阳照射的白天，是照相的大好时机。在40分钟内，"月球3号"拍摄了许多不同比例的月球背面的照片，然后进行自动处理，再通过电视传真把资料发回地球。人们这才一睹月球背面的真相。

月球背面地形更加崎岖不平，甚至找不到一块平坦的场地做宇宙飞船的登陆点。那里密集分布着许多环形山，纵横交错，重叠相连，有的构成绵延数百千米的环链。有五座环形山是以中国人的名字命名的，它们是石申、张衡、祖冲之、郭守敬和万户。前四位是中国历史上著名的天文学家，万户是明朝的一位官员，是世界上第一个亲身尝试用火箭飞行的人。

在月球背面，月海的数量很少，只有东海、莫斯科海和理想海。月球背面没有明显的山脉。

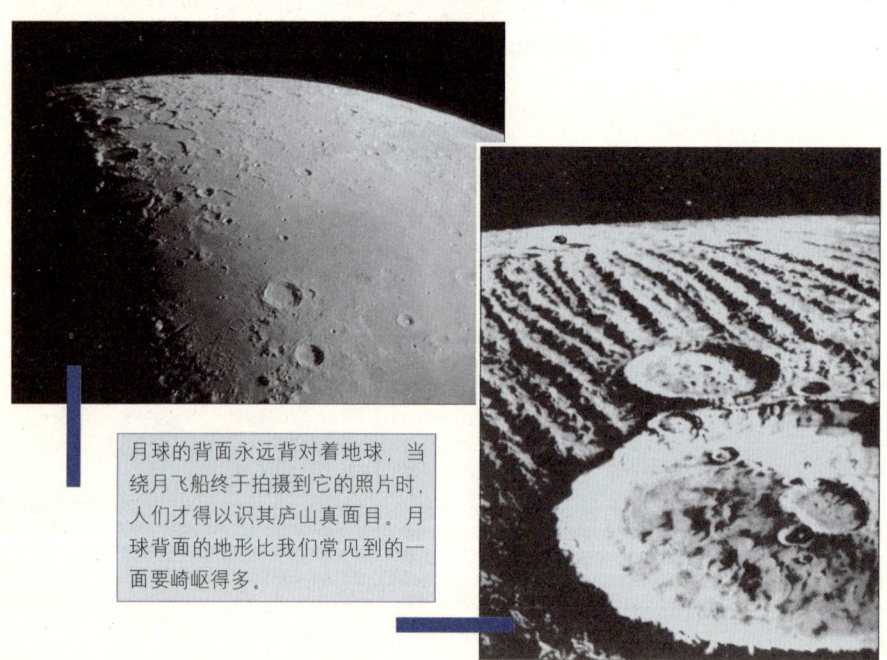

月球的背面永远背对着地球，当绕月飞船终于拍摄到它的照片时，人们才得以识其庐山真面目。月球背面的地形比我们常见到的一面要崎岖得多。

定期回归的游子

英国天文学家哈雷曾任格林尼治天文台第二任台长，1676年建立了南半球的第一个天文台，测编了包含341颗南天恒星的星表。他长年致力于天文观测，尤其是对彗星的研究令他闻名于世。

在太阳系中，彗星是与九大行星、无数的小行星一起环绕太阳运行的天体，因其拖着长长的彗尾而被称做"扫帚星"。大多数彗星的轨道拉得很长，有的远日点达2光年。彗星只有在近日点附近时才能被看见，于是有人把彗星比作定期回归"故里"（近日点）的游子。我们把回归周期超过200年的与不再回归的称做长周期彗星，而把回归周期不超过200年的称做短周期彗星。短周期彗星又分为"木星族型"（回归周期小于20年）和"哈雷型"（回归周期大于20年而小于200年）。在目前已发现的约1000颗彗星中，长周期彗星约占80%。

彗星由彗核、彗发和彗尾三个部分构成。彗核通常是直

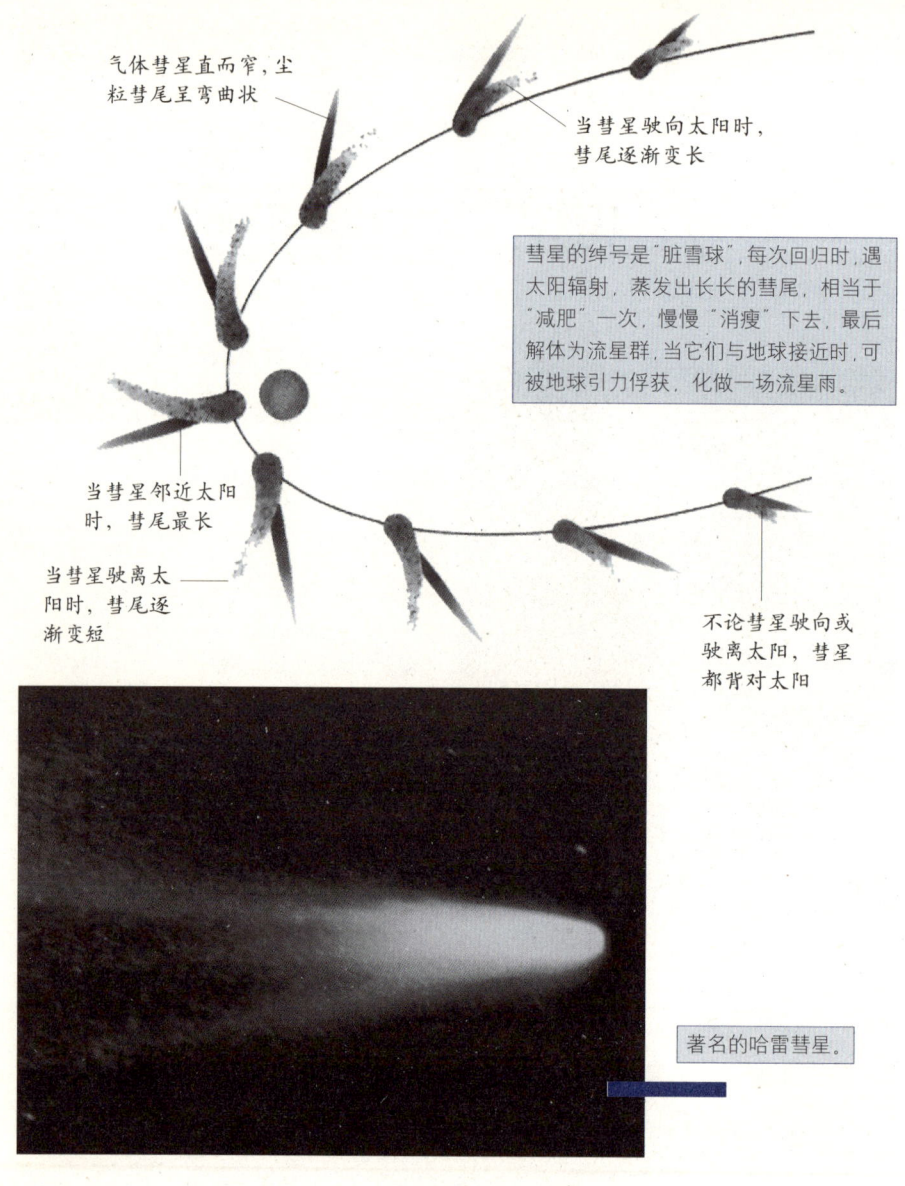

著名的哈雷彗星。

径约10千米的"脏雪球",即含有尘埃的水和氨等轻物质结成的冰球;彗发是彗核周围受热膨胀的轻气体,大的直径可达几十万千米;彗尾是在近日点附近被太阳风吹起的指向太阳相反方向的离子体带和尘埃带,长度有时可达彗发的数十倍。

关于彗星的产生,有以下几种假说。

彗星运行轨道示意图。

黎明前出现在天空上的伯内特彗星。

这是彗星所形成的流星体冲击航天器的电脑模拟图。

一种观点认为，彗星是由太阳系内相撞的大行星产生的碎片和气体聚积而成。

另一种观点与第一种观点截然不同，认为彗星不是在太阳系内形成的，而是来自太阳系以外的星际空间，是由太阳的引力把它们"俘虏"过来的。

荷兰天文学家奥尔特提出了"奥尔特云"假说。他认为，在离太阳很远的太阳系边缘之外，有一个彗星储藏库——彗星云（又称"奥尔特云"）。在那里聚集着大量的彗星核，质量比地球小，成为"新"彗星产生的源泉。彗星云处在太阳与其他恒星之间，因受到太阳的吸引，一部分彗星改变了自己的运行轨道，跑进了太阳系之内，另一部分被抛到太阳系之外。

还有人提出，彗星是从原始太阳星云的旋转碎片中产生的，是形成太阳和大行星的稠密星际云的一部分。它们最初是气体分子、水、二氧化碳和其他物质，后来凝聚成硅尘微粒，并逐渐凝聚成较大的个体，久而久之，便形成了彗星。

在科学尚不发达的年代，彗星的"名声"一直不太好，人们把彗星的出现当作不祥之兆，这当然没有什么道理。然而，彗星似乎与自然灾害有某种联系。据记载，1835哈雷彗星回归时，日本出现了"天保大饥荒"，有二三十万人被饿死。1910年又值哈雷彗星回归，日本的东京发了大水灾，淹死53人，伤170多人，淹没了19万幢房屋。一些科学家试图对此进行解释，但目前还无定论。

图书在版编目(CIP)数据

青少年最感兴趣的世界之奇 / 灵犀工作室编. —青岛：
青岛出版社，2007.1
ISBN 978-7-5436-3930-0

Ⅰ.青... Ⅱ.灵... Ⅲ.自然科学 — 青少年读物
Ⅳ.N49

中国版本图书馆CIP数据核字(2006)第135884号

书　　名	青少年最感兴趣的世界之奇
编　　著	灵犀工作室
出版发行	青岛出版社
社　　址	青岛市海尔路182号（266061）
本社网址	http://www.qdpub.com
邮购电话	13335059110　　0532－85814750（传真）　　0532－68068026
责任编辑	梁　唯　　　　E-mail: lwff@sina.com
封面设计	青岛出版设计中心·程皓
版式设计	庄秀华
印　　刷	青岛星球印刷有限公司
出版日期	2009年3月第2版　2012年4月第7次印刷
开　　本	16开（690mm×1000mm）
印　　张	16
字　　数	320千
书　　号	ISBN 978-7-5436-3930-0
定　　价	23.80元

编校质量、盗版监督服务电话　4006532017　（0532）68068670
青岛版图书售后如发现质量问题，请寄回青岛出版社印刷物资处调换。
电话（0532）68068629